科学图书馆　校园科学实验

怪味科学

数学趣题
100道让人着迷的数学题

[法] 路易·泰博 著　陈娟 译

上海科学技术文献出版社

图书在版编目（CIP）数据

数学趣题：100道让人着迷的数学题／（法）路易·泰博著；陈娟译．—上海：上海科学技术文献出版社，2012.3
（校园科学实验）
ISBN 978-7-5439-5245-4

Ⅰ．①数… Ⅱ．①路… ②陈… Ⅲ．①数学—青年读物②数学—少年读物 Ⅳ．①O1-49

中国版本图书馆 CIP 数据核字（2012）021192 号

Le chat à six pattes et autres casse-tête
100 petits problèmes mathématiques très amusants
by Louis Thépault

© Dunod, 2008, 1st edition, Paris
DIVAS INTERNATIONAL（迪法国际）代理本书中文版权。
contact@divas.fr.
Copyright in the Chinese language translation(Simplified character rights only)©
2010 Shanghai Scientific & Technological Literature Publishing House

All Rights Reserved
版权所有，翻印必究

图字：09-2010-019

责任编辑：张　树
美术编辑：徐　利

数学趣题·100道让人着迷的数学题

[法]路易·泰博 著　陈娟 译
出版发行　上海科学技术文献出版社
地　　址　上海市长乐路746号
邮政编码　200040
经　　销　全国新华书店
印　　刷　江苏常熟市人民印刷厂
开　　本　740×970　1/16
印　　张　11.75
字　　数　229 000
版　　次　2014年4月第2次印刷
书　　号　ISBN 978-7-5439-5245-4
定　　价　24.00元
http://www.sstlp.com

目 录

第一章 十一点夫人的准确计算

题 1	乘法	3
题 2	除法	3
题 3	数字对调	4
题 4	运算方框	4
题 5	罗马算式	5
题 6	百分之百	6
题 7	六个数的俱乐部	6
题 8	火柴棒算式	7
题 9	十个数的俱乐部	7
题 10	预测 2 008	8
题 11	目标是 1 000	8
题 12	合成法则	9
题 13	数字显示算术	10
题 14	环形多米诺	11
题 15	一个特别的数字方框	11
题 16	0 的位置	12
题 17	英语等式	13
题 18	自我生成式方程	14

第二章　六条腿的猫和其他让人站着都能睡着的题

题 19	平均分配吗	17
题 20	我的梨	18
题 21	我的苹果	19
题 22	我家的门牌号	19
题 23	谁买了棒棒糖	21
题 24	代理人和他的顾客们	21
题 25	自行车团队计时赛	22
题 26	从圣玛丽到圣约瑟夫	23
题 27	朱利安叔叔的手表	24
题 28	菲利贝尔表哥的手表	25
题 29	生日和结婚纪念日	25
题 30	伦敦故事	26
题 31	公爵城堡的院子	26
题 32	铜管乐图画	27

第三章　神秘的乘法

题 33	最少的条件	31
题 34	两个条件	31
题 35	大空缺	32
题 36	8个数的俱乐部	32
题 37	五个7	33
题 38	改变数字位置构成的乘式	34
题 39	叠放的方块	34
题 40	和是不变的	35
题 41	多米诺骨牌乘式	36
题 42	骰子乘式	37
题 43	隐藏的牌	38

第四章　数成行，数相交

题 44	和与积	40

题 45	和为 100(1)	40
题 46	和为 100(2)	41
题 47	斐波那契数列	41
题 48	质数	42
题 49	和是 5 000	42
题 50	十个数字组成的数列	43
题 51	立方关系	43
题 52	不明确的数列	44
题 53	一个奇特的数列	44
题 54	一道题里出现了三个平方	45
题 55	换个位置变成和	45
题 56	17 的倍数	46
题 57	八个数的俱乐部再次出现	47

第五章　字母算式谜

题 58	Raisonne＋essais ＝ résultat	51
题 59	Tigre＋lionne ＝ tigron	51
题 60	Demain mardi, je suis à Madrid	52
题 61	Reste à Madrid	53
题 62	J'arrive jeudi de Madrid	54
题 63	Février 28	54
题 64	海盗船长的年龄	55
题 65	未知数 X	56
题 66	两个数字顺序相反的数的积	56
题 67	请做加法！	57
题 68	顺序不同	58

第六章　基础几何

题 69	面积与周长同值	61
题 70	整数梯形	61
题 71	梯形的对角线	62
题 72	关于梯形的面积	62

题 73	三角形的高	63
题 74	四边形与平行线	63
题 75	周长与角	64
题 76	月光下散步	65

第七章　演绎与视觉拼版游戏

题 77	地方声望	68
题 78	国际径赛冲刺	68
题 79	气象先生的谎言	69
题 80	蝉与蚂蚁	70
题 81	音乐谜语	71
题 82	重逢	71
题 83	日式台球	72
题 84	三角蛇	73
题 85	一模一样的骰子	74
题 86	不规则	74
题 87	赶走入侵者	75
题 88	骰子被隐藏的一面	76
题 89	重叠后的信息	76

第八章　混合填字格：新解码填字格

题 90	拉丁方格	80
题 91	第二个拉丁方格	80
题 92	红与黑	81
题 93	自我参照填字	82
题 94	对称自我参照表格	83
题 95	八个数	84
题 96	超级八	85
题 97	"多米诺骨牌被隐藏的那一面"	86
题 98	多米诺拉丁方块	87
题 99	九宫格数独与五方格	88
题 100	加法 SDK	89

| 题 101 | 蓝,白,红 | 90 |

答　　案

第一章　十一点夫人的准确计算

题 1	乘法	95
题 2	除法	95
题 3	数字对调	95
题 4	运算方框	96
题 5	罗马算式	96
题 6	百分之百	97
题 7	六个数的俱乐部	98
题 8	火柴棒算式	98
题 9	十个数的俱乐部	98
题 10	预测 2 008	99
题 11	目标 1 000	99
题 12	合成法则	100
题 13	数字显示算术	101
题 14	环形多米诺	101
题 15	一个特别的数字方框	103
题 16	0 的位置	104
题 17	英语等式	104
题 18	自我生成式方程	105

第二章　六条腿的猫和其他让人站着都能睡着的题

题 19	平均分配吗	106
题 20	我的梨	107
题 21	我的苹果	107
题 22	我家的门牌号	108
题 23	谁买了棒棒糖	109
题 24	代理人和他的顾客们	110
题 25	自行车团队计时赛	110
题 26	从圣玛丽到圣约瑟夫	111

题 27	朱利安叔叔的手表	113
题 28	菲利贝尔表哥的手表	113
题 29	生日和结婚纪念日	114
题 30	伦敦故事	114
题 31	公爵城堡的院子	115
题 32	铜管乐图画	116

第三章 神秘的乘法

题 33	最少的条件	118
题 34	两个条件	119
题 35	大空缺	120
题 36	8 个数的俱乐部	120
题 37	五个 7	121
题 38	改变数字位置构成的乘式	122
题 39	叠放的方块	122
题 40	和是不变的	123
题 41	多米诺骨牌乘法	124
题 42	骰子乘式	125
题 43	隐藏的牌	126

第四章 数成行,数相交

题 44	和与积	128
题 45	和为 100(1)	129
题 46	和为 100(2)	129
题 47	斐波那契数列	130
题 48	质数	131
题 49	和是 5 000	132
题 50	十个数字组成的数列	133
题 51	立方关系	133
题 52	不明确的数列	134
题 53	一个奇特的数列	135
题 54	一道题里出现了三个平方	136
题 55	换个位置变成和	137
题 56	17 的倍数	138

题 57	八个数的俱乐部再次出现	138

第五章　字母算式谜

题 58	Raisonne ＋ essais ＝ résultat	140
题 59	Tigre ＋ lionne ＝ tigron	141
题 60	Demain mardi, je suis à Madrid	142
题 61	Reste à Madrid	144
题 62	J'arrive jeudi de Madrid	146
题 63	Février 28	147
题 64	海盗船长的年龄	148
题 65	未知数 X	149
题 66	两个数字顺序相反的数的积	150
题 67	请做加法！	150
题 68	顺序不同	151

第六章　基础几何

题 69	面积与周长同值	153
题 70	整数梯形	154
题 71	梯形的对角线	154
题 72	关于梯形的面积	155
题 73	三角形的高	155
题 74	四边形与平行线	156
题 75	周长与角	157
题 76	月光下散步	158

第七章　演绎与视觉拼版游戏

题 77	地方声望	159
题 78	国际径赛冲刺	159
题 79	气象先生的谎言	160
题 80	蝉与蚂蚁	161
题 81	音乐谜语	161
题 82	重逢	162
题 83	日式台球	164
题 84	三角蛇	166

题 85　一模一样的骰子　　　　　　　　　　　　　167
题 86　不规则　　　　　　　　　　　　　　　　167
题 87　赶走入侵者　　　　　　　　　　　　　　168
题 88　骰子被隐藏的一面　　　　　　　　　　　169
题 89　重叠后的信息　　　　　　　　　　　　　169

第八章　混合填字格：新解码填字格

题 90　拉丁方格　　　　　　　　　　　　　　　170
题 91　第二个拉丁方格　　　　　　　　　　　　170
题 92　红与黑　　　　　　　　　　　　　　　　171
题 93　自我参照填字　　　　　　　　　　　　　171
题 94　对称自我参照表格　　　　　　　　　　　171
题 95　八个数　　　　　　　　　　　　　　　　172
题 96　超级八　　　　　　　　　　　　　　　　173
题 97　"多米诺骨牌被隐藏的那一面"　　　　　　174
题 98　多米诺拉丁方块　　　　　　　　　　　　174
题 99　九宫格数独与五方格　　　　　　　　　　175
题 100　加法 SDK　　　　　　　　　　　　　　175
题 101　蓝，白，红　　　　　　　　　　　　　　178

第一章

十一点夫人①的准确计算

  数字是这一章所有难题的灵感源泉，不管我们是否愿意，数字都已经成为我们生活中必不可少的部分。每天，媒体都会向我们公布彩票信息、大量的调查统计数据，还有一些证券指数，体育赛事的结果，天气预报，等等……路上的限速指示牌告诉我们要将脚从油门上抬起来；刚上高速公路，油价显示牌就将我们带到了现实的经济世界中。

  每个人都有自己的看法，在这些令人不舒服的刺激背后，数字也会给我们带来很大的愉悦，其中就包括没有利益掺杂的音乐和诗歌。难道亚历山大体诗②的音乐性和节奏感跟同时能被2、3、4、6整除的12没有联系吗？十四行诗在诗句的组成和节奏的变换上不是也要遵循严格的规则吗？

  我们美丽的法语也离不开数字。有一些词就来源于数字，而且它们并不会因此而显得冷冰冰的，比如，sieste 是让人感到温和的"午睡"（sieste 这个词来源于拉丁文 sexta，意思是第六个小时），myriade 这个词会让我们联想到数不清的星星（myriade来源于希腊文 murias，意思是一万）。

  Pentecôte 是指圣灵降临节（这个词来源于希腊文 Pentêkostê，意思是第五十），就是因为这个节日正好是复活节后的第五十天③，同时很巧的是，这个词是由 pente 和 côte 这两个单词组成，这两个单词的意思都是"斜坡，山坡"，而这个节日每年都是在耶稣升天节（Ascension，这个词的意思是"上升，升高"）后的第十天！

---

① 一种植物，也叫做虎眼万年青，因为通常在中午 11 点左右开花，所以被称为"十一点夫人"。
② 法国十二音节诗。
③ 准确地讲应该是第 49 天。

数字出现在一个单词或一个短语中有时并不会显得很突兀,相反会达到意想不到的效果,比如说贝尔托·布莱希特①有一部戏剧的名字就叫做《三分钱戏剧》,这个名字能让人产生很多联想。

然而,在所有的这些表达当中,我最喜欢"十一点夫人"这个称呼。如果你不认识这位夫人,我很乐意邀请你跟随她参观本书的《答案》部分,在这里,她会向你揭示秘密,但是在没有解完本书中所有的题之前,请不要先看答案。

她会在错综复杂的花园里迎接你,在这里等待你的是各种各样的数字形成的谜题:罗马数字,显示数字,多米诺骨牌,扑克,甚至有英语数字和自我生成式方程。

---

① 德国著名戏剧家。

题 1

乘法

在下面这个乘法等式中，A、B、C、D、E 五个字母分别代表了不同的数字，并且从左到右依次递增。

请问这五个字母分别代表了哪几个数字呢？

$$AB \times C = DE$$

▶答案见 95 页

题 2

除法

从乘法到除法，只有一步之差。

在下面这个除法等式中，A、B、C、D、E 五个字母分别代表了不同的数字，并且从左到右依次递减。

请问这五个字母分别代表了哪几个数字呢？

$$AB \div CD = E$$

▶答案见 95 页

题 3

数字对调

在第一个等式的基础上,我们将 7 和 8 这两个符号牌的位置对调,并且旋转另外一个符号牌(将 6 转过来变成 9),这样我们得到了第二个等式。那么在第二个等式的基础上,我们重新对调其中两个符号牌的位置,并且旋转另外一个符号牌,会得出一个与前面两个都不同的等式。

你知道如何得到这第三个等式吗?

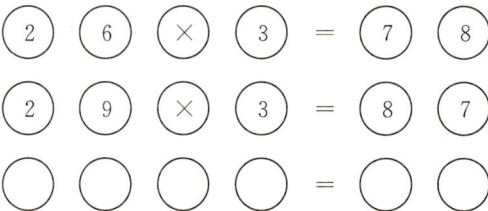

▶答案见 95 页

题 4

运算方框

这道数字结构的难题非常奇妙。这个方框中包括了加减乘除四则基本运算,我们可以将 1 到 9 中的八个数字分别填到下面八个格子当中,使四个等式都能成立。

现在轮到你来想一想啦,1 到 9 这九个数字中哪一个数字用不上呢?

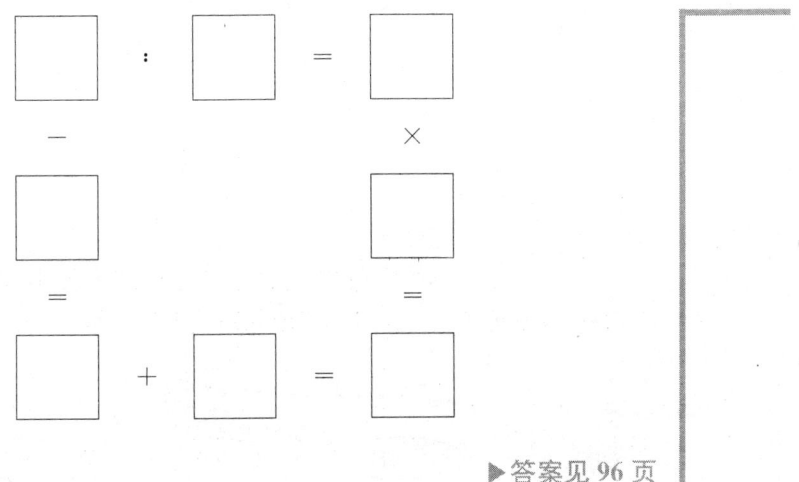

▶答案见96页

题 5

罗马算式

在经典算式中(请参照第五章),每个数字通常都由一个字母代替。但是下面这个算式却不是这样,这个算式中每个数字都是由与之相对应的罗马数字代替。

在下面的算式中,我们故意没有将两个相邻的数字隔开来。

你能不能辨认出这个加法算式并且用阿拉伯数字来重现下面这个算式呢?

```
   I V I I I I I V I I I
 + I I V I V I I I I
 = V I I X I V I
```

▶答案见96页

题 6

百分之百

C、E、N、T 四个字母在下面这个方程式中分别代表了四个不同的数字,而且都不等于 0。这四个字母分别代表哪个数字呢?

$$(C+E) = (100) = (N+T)$$
$$(C\times E) - (100) = (N\times T)$$

▶答案见 97 页

题 7

六个数的俱乐部

将 1 到 6 这六个数字分别填入下面的格子当中,一个格子里填一个数字,每个数字只能用一次,怎么填才能让下面这个等式成立呢?

$$\Box^3 + \Box^3 + \Box^3 = \boxed{}$$

这个问题有两个答案,下面给出了其中一个。你能不能找出第二个答案,并且发现它的一个显著特点呢?

$$1^3 + 5^3 + 6^3 = 342$$

▶答案见 98 页

题 8

火柴棒算式

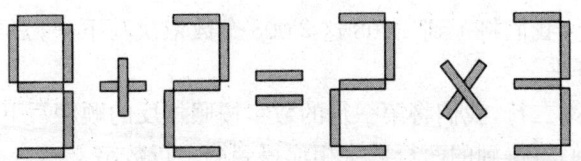

上面这个等式是不成立的,请不要动组成数字的火柴棒,移动另外两根火柴棒让等式成立。可以移动哪两根呢?

▶答案见 98 页

题 9

十个数的俱乐部

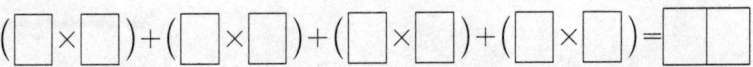

在上面的格子中填入 0 到 9 这十个数字,每个格子里只能填一个数字,每个数字只能用一次,从而使等式成立。

这道题有两个答案。并且所有的一位数都不等于 0。

▶答案见 98 页

题 10

预测 2 008

在第一行,我们将 1 到 2 008 这 2 008 个数依次写下来,并且相邻的数字之间没有隔开来。

然后,在第二行,我们将第一行的数字按照相反的顺序写下来。

最后,我们将得到的两行数字相加得到第三行数字。

请参照下面给出的算式。

提出的问题是:第三行数字,也就是相加得到的这一行数字当中,第 2 008 个数是几?

```
  1 2 3 4 5 6 7 8 9 1 0 1 1 * * * 0 0 6 2 0 0 7 2 0 0 8
+ 8 0 0 2 7 0 0 2 6 0 0 2 5 * * * 0 1 9 8 7 6 5 4 3 2 1
= 9 2 3 7 2 6 8 1 5 1 0 3 6 * * * 0 2 6 0 7 7 2 6 3 2 9
```

▶ 答案见 99 页

题 11

目标是 1 000

217	118	207	136
126	172	127	189
144	153	146	162

上面表格里有 12 个数,从这些数当中任意选出 6 个数,有 924 种不同的

方法，但是在这所有的组合当中，只有一组，六个数之和是 1 000。

这六个数分别是几呢？

这道题重在观察。在你准备进行长时间的运算尝试之前，请仔细观察每个数，你会发现这道题的解答其实并不复杂。

▶ 答案见 99 页

题 12

合成法则

下面的表格中有 24 个数，这些数都是由 1，2，7，8 这四个数字组成，并且每个数字每次只用一个。

1 278	1 287	1 728	1 782	1 827	1 872
2 178	2 187	2 718	2 781	2 817	2 871
7 128	7 182	7 218	7 281	7 812	7 821
8 127	8 172	8 217	8 271	8 712	8 721

其中有五个数的和等于表格里另外一个数。请问，这五个数和它们的和分别是几？答案只有 1 个。

▶ 答案见 100 页

题 13

数字显示算术

我们都认识下面这些计算机中的数字显示模块,通过控制 7 段二极管的开关,这些模块能显示从 0 到 9 的任何数字。

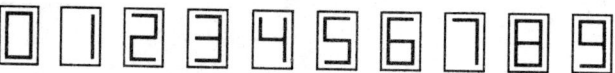

上面呈现的这十个显示模块有一个特点:当我们把这些模块重叠在一起,如果重叠在一起的这一段是由奇数个组成,那么这一段还是亮着的,如果重叠在一起的这一段是由偶数个组成,那么这一段就熄灭了。

根据这个特点,我们先看看下面这个例子 $(4+5+6+7=F)$,最上面的那一段还是亮着的,因为 5,6,7 里都有这一段,这一段亮了三次以后还是亮着的,而最下面这一段,只有 5 和 6 里有,所以这一段亮了两次以后就熄灭了。其他的五段也是这样的道理,我们会发现最后亮着的部分组成了 F。

用同样的方法我们可以得到其他的字母。不管是哪个字母,我们能证明有 8 种不同的方法得到这个字母,而我们要做的就是找到最经济的那一个,也就是说用最少的模块得到我们想要的字母。

那么,根据这个原则,我们叠加哪三个模块能到字母 U 和 Y?

注意:禁止翻转模块。

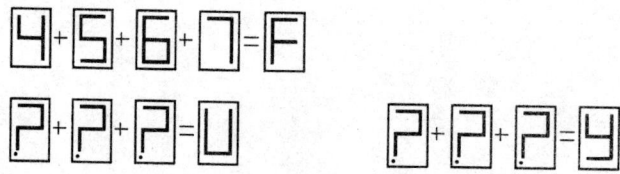

▶答案见 101 页

题 14

环形多米诺

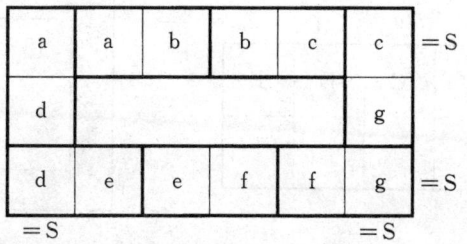

在一个游戏里用上 7 个不同的多米诺骨牌,在满足下面三个条件的情况下让它们形成一个环形:

——每一横行由六个"骰子"组成,每一竖排由 3 个"骰子"组成,如同上图所示,一张多米诺骨牌由两个骰子组成;

——不管是横行还是竖排的点数加起来是一样的;

——和多米诺的规则一样,相邻的两个骰子,点数是一样的。

如果不考虑对称性的话,这个值得思考的难题只有一个答案。尽管有复杂的一面,这道题解起来还是比较容易的。在开始枯燥乏味的计算之前请你仔细分析分析:这个准备工作会非常有用的。

▶ 答案见 101 页

题 15

一个特别的数字方框

下面的方框中每一行都有五个数,分别由 A,B,C,D,E 五个字母来表示,而第二行也是这五个数,但是相同的数字不在同一列。这五个数各不相同,加起来等于157。

现在,把右边的遮挡卡片放在数字方框上,放上去以后,就只能看见三个数字(处在同一列的两个数和另外一行中靠右的一个数字),不管把遮挡卡片放在什么位置(有4种放法),这三个可以看见的数字之和总是不变的。

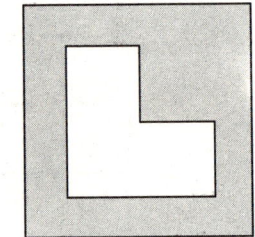

现在,并不是要求你写出这些字母分别代表哪五个数字,而是希望你能说出A,B,C,D,E在第二行中的顺序以及字母A代表了哪个数字。当然,这五个数都是正整数。

▶答案见103页

题 16

0的位置

为了使下面的等式成立,只需要在右边6张标有0的卡片中取出4张覆盖左边加法算式中的四张卡片就行了。

当你把这个问题解决之后,请将四张标有0的卡片重新拿下来。现在,这一次则要求你必须使用六张标有0的卡片来使这个等式成立。

在解决以上这两个问题的过程中,一张标有0的卡片只能覆盖一张卡片,并且等式最后求得的和最高位不能是0。

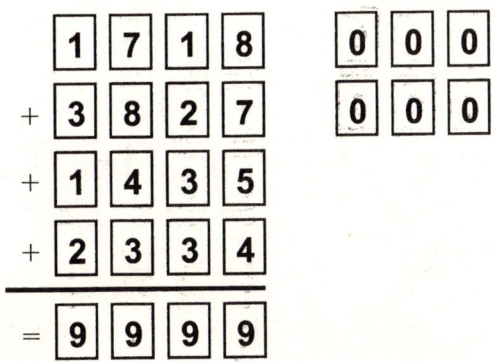

▶ 答案见 104 页

题 17

英语等式

这道英语趣题让人感到十分惊奇,它是由英国的一个读者在 1988 年二月到三月刊的第 49 期的《游戏与战略》提出来的。

在下图的每一个格子里填上一个字母,让这个算术等式成立,并且要满足下面两个要求:

等式左边的所有字母要全部出现在等式右边当中,而且相同字母出现的次数是一样的;

这个等式必须由四个英文中的数词构成。

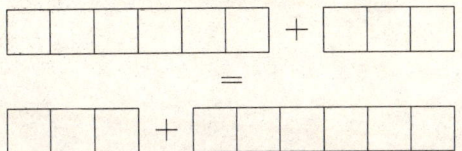

我们认为你已经具备一定的英语词汇来解决这个难题。只要知道英语中从 1 到 100 的数词就足够了。

▶ 答案见 104 页

题 18

自我生成式方程

$$
\begin{aligned}
&U+N=1 & &H+U+I+T=8\\
&D+E+U+X=2 & &N+E+U+F=9\\
&T+R+O+I+S=3 & &D+I+X=10\\
&Q+U+A+T+R+E=4 & &O+N+Z+E=11\\
&C+I+N+Q=5 & &D+O+U+Z+E=12\\
&S+I+X=6 & &T+R+E+I+Z+E=13\\
&S+E+P+T=7 & &Q+U+A+T+O+R+Z+E=14
\end{aligned}
$$

14个方程式里有16个未知数,这不足以求出每个字母所代表的数字。但是,只需用上面其中的十个方程式就能求出 S+E+I+Z+E 等于多少。请问,S+E+I+Z+E 等于几?(答案不是16)①

▶答案见105页

---

① 译者注:上面的方程式中,每一个方程式左边的字母构成的法语单词都是法语中等式右边数字相对的数词,比如,UN 在法语中就是表示数字1,DEUX 就是数字2,而 SEIZE 就是表示数字16。

第二章

六条腿的猫和其他让人站着都能睡着的题

"我的猫前面有两条腿,后面有两条腿,两边各有两条腿。请问我的猫一共有多少条腿?"

"停车场上停着2辆有两个门的汽车,14辆有四个门的汽车。请问这个停车场上一共有几辆车?"

这两道十分简单的题看上去甚至有点可笑,但是以前,一年级的老师在学期末的时候经常会给学生出这道题,这样做的目的是想考察一下学生是否真的掌握了算术题的概念。

测试的结果很能说明问题。大部分学生还是不能很好地理解题目的意思,继而找出解出问题的必要运算。

解释都是一样的。对初学者来说,解决上面提到的问题的方法都是通过加法。有些人会本能地把题目中给出的所有数字都加起来,从而得出一条猫有六条腿,而没有考虑题目中给出的一些数字是没有用的。同样,有些学生会说停车场上有22辆车,而实际上只有16辆,他们把所有的数字都加起来,没有考虑到哪些数字是指汽车的数量,哪些数字是指门的数量。

对不同的答案进行分析之后,其实没有必要担心。课间学生们在院子里玩的时候,在互换大弹子和小弹子时,显得很灵活,这样的题甚至比上面提到的两个问题更"高级"。每个答案都有它的逻辑,每个学生在解决数学问题中都有自己的学习过程,这也是老师和学生之间建立的一种联系的体现。

另外，很奇怪的是，同样的一个题目，在课堂上提出和在课间以谜语的形式提出，有些学生会给出不同的答案。

不是只有小学生才会受到无用数据的迷惑。不要告诉我你从来没在无用数据上栽过跟头，你可以想一想解题过程中或是在数学竞赛中，无用数据到底扮演着什么样的角色？同样，在枯燥无味的计算中，你是不是也曾被一个无用数据所困住，算到最后，却发现它根本没有什么用。

进入学校的世界以后，我请你们来解答这章的数学题。每一个题目都有自己独特的方法来描述一个场景，一个小故事和一系列的运算。这些题中，没有无用数据。按照我的原则，我更倾向于将它们减小到最少。

题 19

平均分配吗

一个富商在临死之前，把他的五个儿子一个接着一个地叫到跟前。

他对第一个儿子说："你看，我的孩子，没有想到，在我有生之年，积攒了这些金锭。我给你这些金锭的五分之一再加上五分之一个金锭，但是我要求你不要对你的弟弟们说你得到了多少。"

他对第二个儿子说："你看，我的孩子，没有想到，在我有生之年，积攒了这些金锭。我已经给了你哥哥属于他的那一份。我给你的是剩下金锭的四分之一再加上四分之一个金锭。在你走之前，我要嘱咐你不要跟你的兄弟们说你得到了多少。"

他对第三个儿子说："你看，我的孩子，没有想到，我积攒了这些金锭。我已经给了你的两个哥哥属于他们的那一份。我给你剩下金锭的三分之一再加上三分之一个金锭，但是千万不要告诉你的兄弟们你得到了多少。"

轮到第四个儿子了，他说了同样的话，给第四个儿子剩下金锭的一半和二分之一个金锭，最后来的是小儿子，他拿走了剩下的金锭。

五个儿子中的任何一个都不知道其他人得到了多少金锭。我能告诉你的就是，皮埃尔得到了 8 个金锭，比他的兄弟保罗多一个。

你能告诉我这个故事中的父亲一共积攒了多少金锭吗？他的儿子们又各得到了多少呢？

▶答案见 106 页

题 20

我的梨

我在果园里摘了 53 个又大又甜的梨,将它们根据下面的要求分别放到了 A,B,C,D 四个篮子里,其中 B 篮里的梨是最少的。

如果将 B 篮里的梨(不止一个)全部拿出来放到 A 篮里,那么 A 篮里的梨将是 C 篮的两倍。

如果将 B 篮里的梨不是放到 A 篮里而是放到 C 篮里,那么 C 篮里的梨是 D 篮的两倍。

请问,最初每个篮子里分别放了几个梨呢?

▶答案见 107 页

题 21

我的苹果

将一堆苹果分别放到四个篮子里，而这四个篮子分别放在一个方形桌子的四个角上。

从左上角的篮子开始，按照顺时针的顺序，从第一个篮子里拿出一定数量的苹果，放到第二个篮子里，使得第二个篮子里的苹果成为原来的两倍。

然后，从第二个篮子里拿出一些苹果，放到第三个篮子里，使得第三个篮子里的苹果是原来的两倍。

接下来，从第三个篮子里拿出一些苹果，放到第四个篮子里，使得第四个篮子里的苹果是原来的两倍。

最后，从第四个篮子里拿出一些苹果，放到第一个篮子里，使得第一个篮子里的苹果是原来的两倍。

这时，四个篮子里的苹果数量是一样的（不超过 30 个）。

请问，一开始，每个篮子里分别有几个苹果？

▶答案见 107 页

题 22

我家的门牌号

我住的那条街两边各有 80 户人家，一边的门牌号是奇数，另一边是偶数。所以相邻的门牌号之间差两个数，一边从 1 开始，另一边从 2 开始。

我的两个邻居和我都决定重新装饰一下我们的墙面，将原来门上挂着的旧的蓝色数字牌用新的数字牌代替。

在小区的五金店里，我们找到了青铜质地的数字牌，非常精美光滑；每个

数学趣题

数字牌的价格和它所代表的数字是一致的：比如说一个"5"的数字牌就要5欧元，一个"8"的数字牌要8欧元，而"0"要卖10欧元。

当我们付钱时，住在我家左边的邻居虽然门牌号比我们家的小，却比我多付了1欧元。

住在我家右边的邻居却恰恰相反，他们家的门牌号比我们家的大，却比我少付了7欧元。

请问我们家的门牌号是多少呢？①

▶答案见 108 页

---

① 这个问题曾刊登在《游戏与战略》1989 年五月刊的竞赛题中，当时难住了很多选手，有些甚至在电脑的帮助下也声称这道题没法解。很显然，他们错了，而且错得很厉害，因为这道题不仅有答案，而且还有两个，不过其中一个不太符合现实，但是在数学上是可行的。

题 23

谁买了棒棒糖

安德烈、贝尔纳、克洛德和丹尼尔揣着零花钱走进了一家糖果店。售货员向他们推荐了 0.60 欧一盒的果仁夹心糖，0.50 欧一盒的棒棒糖，0.40 欧一盒的甘草糖和 0.30 欧一盒的大块焦糖。

安德烈选了两盒他最喜欢的糖，贝尔纳买了 8 盒，克洛德 5 盒，丹尼尔 4 盒。

他们拿出了一些 10 欧和 5 欧面值的钞票，几个 1 欧的硬币，一个 50 分的硬币和一个 10 分的硬币，他们将钱放到了一起。

他们的钱都用光了，而且售货员也没有必要找零钱给他们，那么你知道是谁买了棒棒糖吗？

▶答案见 109 页

题 24

代理人和他的顾客们

托马斯是一个代理。每周，他都会邀请九位最好的顾客中的一位共进午餐，但是邀请的频率则是根据他对每个顾客的好感程度来决定的。

为此，他给这九位顾客每人做了一张卡片，根据他与他们之间情投意合的程度编为 1 到 9 号。这些卡片按照 1 到 9 的顺序放在一个小盒子里，他把这个盒子保管得很好，不会轻易让人看到。

每周，他都会邀请放在最前面的那张卡片代表的顾客，在午餐之后，这张卡片代表的数字是几，他就把这张卡片放到几张卡片之后。例如，

——在第一次邀请之后，卡片是这样放置的：213456789；

——第二次邀请之后：132456789
——第三次邀请之后：312456789
——第四次邀请之后：124356789

如果托马斯一直这样做下去，在多长时间之后，卡片号为 9 的顾客才能受到邀请呢？

▶答案见 110 页

题 25

自行车团队计时赛

离环法自行车赛的这一赛段终点还有两公里的距离，这一赛段是团队计时赛，保罗和他的另外三位队友自愿地跟在了队伍的后面：只有队里第四个通过终点的队员所用的时间会影响个人总排名的额外加分，而他们已经没有任何机会了。

保罗注意到除了他自己，另外三位队友的号码都能整除他们四个的号码之和，而且他们的号码都是两位数。

请问保罗的号码是多少？

我们需要提醒你的是同属一个团队的十名队员的号码是相连的，参加比赛的 180 位选手的号码是从 1 到 180。

▶答案见 110 页

题 26

从圣玛丽到圣约瑟夫

从圣玛丽到圣约瑟夫，这两个村庄之间的路段是由一段平路和一段斜坡构成。每个星期天，两个自行车运动员都会在相同的时间，一个从圣玛丽出发，另一个从圣约瑟夫出发。他们分别骑向对方出发的村庄，到了目的地以后就掉头，又骑回出发点。

去的时候，两个人在离圣玛丽 4.9 公里处相遇，回来的时候，在离圣玛丽 9.9 公里处相遇。

两个自行车运动员在平地的行驶速度为 30 km/h，在上坡的时候速度为 16 km/h，下坡的速度为 48 km/h。

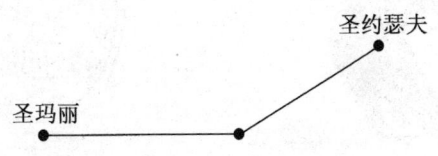

请问圣玛丽和圣约瑟夫之间的距离是多少？

▶答案见 111 页

题 27

朱利安叔叔的手表

我的叔叔朱利安是在某一个月的最后一天退休的,这个月没有 31 天。第二天早上,他手表上的日历却没有显示第二个月的第一天,而是把这个月当成有 31 天继续向后显示,以后每个月都是如此。朱利安叔叔说:"现在调整我的表让它正常显示日期有什么用呢?既然有些月份有 28 天,有些月份有 29 天,有些月份有 30 天,总有一天我的表显示的日期是对的。"

事实上,叔叔是对的:在叔叔退休之后,它的表一直没有停,在 1989 年 5 月 1 日它第一次显示了正确的日期。

请问,朱利安叔叔是在哪一天退休的?

▶答案见 113 页

题 28

菲利贝尔表哥的手表

有其父必有其子。我的表哥菲利贝尔，也就是朱利安叔叔的儿子，在 2007 年 6 月 30 日退休了。

第二天，他的手表日历显示的日期是 31 日，而这一天应该是 7 月 1 日。和他父亲一样，菲利贝尔决定不去调手表日历，既然有的月份有 28 天，有的月份有 29 天，有的月份有 30 天，总有一天他的手表日历会显示正确的日期。

是这样没错，但是菲利贝尔要等多长时间才会看到他的手表日历显示正确的日期呢？（我们假设这只表会一直不停地走下去）

▶ 答案见 113 页

题 29

生日和结婚纪念日

诺埃尔和莱昂两个人的生日都在 7 月 1 日。2006 年 7 月 1 日星期六，他们庆祝自己的生日。诺埃尔对莱昂说："如果把我的年龄的两个数字对调一下，就是你的年龄。"莱昂回答道："这种情况不是第一次发生了。上一次发生这种情况，正好是我和你姐姐结婚的那一天。"

诺埃尔说："是的！确实是这样。我记得很清楚，就像发生在昨天一样。"

从这段对话中，你能推断出诺埃尔的姐姐和莱昂是在哪一天结婚的吗？

▶ 答案见 114 页

题 30

伦敦故事

20世纪,格林威治区中为1月1日出生的居民在伦敦老城区的一个小酒店里进行一年一度的聚会。

哈里和彼得之间的对话充满了智慧。彼得年纪更大一些。哈里对彼得说:"彼得,你看,把你出生年份中的四个数字加起来,就是我的年龄。"

彼得接着说道:"亲爱的亨利,你说得很对!对我来说也是一样的,把你出生年份的四个数字加起来就是我的年龄。另外,如果把我们年龄的两个数字对调一下就能得到对方的年龄。"

即使你觉得自己没有大侦探福尔摩斯和大侦探坡罗的智慧,你也能根据上述指示找出我们这两个朋友分别出生于哪一年,以及这个对话发生在哪一年。

▶ 答案见 114 页

题 31

公爵城堡的院子

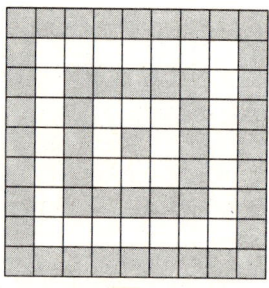

杜甘岗城堡的院子是一个正方形,铺满了 80 cm × 80 cm 的白色和黑色

石板。

这些石板构成了如上图所示,以中间黑色的石板为中心,带状黑白正方形相间的图案。

每个带状正方形的宽和石板的宽度是一样的,都是 80 cm。

总建筑师的备忘录里记录了建造这个城堡的材料用量,我们可以看到订购的黑色石板比白色石板多了 169 块,所有的石板都用于建设这个图案,没有一块浪费。

现在,轮到你来想一想了。杜甘岗城堡的院子边长是多少呢(以米为单位)?

▶答案见 115 页

题 32

铜管乐图画

一个画家要在节日大厅的一面墙上画一幅铜管乐队的壁画。他已经勾勒出了大的轮廓并且测量出了每个部分所占用的面积。

乐手们的手和脸占了 0.90 平方米，制服中的长裤占了 1.60 平方米，外套占了 1.80 平方米，房子和其他的建筑占了 2 平方米，乐器占了 1.90 平方米，画幅的其他背景部分占了 3.80 平方米。

每一部分都会涂上不同的颜色：蓝色，黄色，红色，橙色，淡紫色和绿色。四分之一的红色和四分之三的黄色混在一起会变成橙色，一半的蓝色和一半的红色混在一起能得到淡紫色，三分之二的黄色和三分之一的蓝色混在一起可以得到绿色。

我们的画家有三个装了颜料的罐子，一个装了蓝色的颜料，一个装了红色，另外一个装了黄色颜料，还有一个空的罐子。每个罐子装满颜料以后可以为 4 平方米的画幅上色，空的罐子用来制作混合而成的颜料。

怎么做才能帮助我们的画家呢？

他应该从每个罐子里拿出多少颜料？怎么分配这些颜料从而得到所需的混合而成的颜料？乐器会被涂成什么颜色？裤子又被涂成了什么颜色？

▶答案见 116 页

第三章

神秘的乘法

还有多少人会自己动笔算乘法呢？只不过是几分钟的事情，但是人们却愿意用计算器，必要的时候还会建一个 Excel 表格，甚至用手机来算。为什么与加法相比，乘法如此不受欢迎呢？

乘法的传统形式，它的算术结构已经渐渐淡出了人们的视线，我们只能在教科书上看到传统的乘法算式，而一旦学生们列出式子以后，计算器就派上用场了。

这是好事还是坏事？对这个问题进行争论没有什么意义，重点是知道什么时候以及为什么我们会用到乘法，尤其是这个乘法代表了什么。

有些忧虑意识比较强的人认为我们应该自己动手做十进制的乘法，那么我们也应该自己开平方和做罗马数字的除法，我想说得很简单，自从数字出现以后，数学家们一直在努力简化运算，避免浪费时间，他们花了大量的时间研究怎么使计算更有效率。正因为如此，才会出现让 70 年代的物理学家和想当工程师的学生欣喜不已的对数和列线图解。

另外，乘法不是比加法更简单吗？计算 367×247 不是比将 247 个 367 一个一个加起来更容易吗？

我仍然支持心算、有步骤的计算和估算，尤其是涉及百分比时，这方面不容易掌握，而且，我并不想谈到它们在选举结果的评论和其他统计中的运用……

不管怎么说，我们应该继续喜欢乘法。不管是以西欧形式出现，还是以拉丁形式出现，乘法都是数学家们的灵感源泉。只知道乘法算式的大致结构，根据式中的数与数字以及它们之间的关系，来求出完整的乘法算式，是这一章前 9 题要我们做的事情。

最后两道题建立在另一个原则上：是关于双面扑克牌和骰子的数字游戏，不同的方向，扑克牌和骰子的点数会有所不同，通常会得出两个答案，其中一个题中已经给出，第二个有待我们自己去寻找。

题 33

最少的条件

在下面这个乘法算式中,所有的数字都被星号 * 代替了,只给出了一个数,8。所有的数都不等于 0。

给的条件很少,请问你能重现这个算式吗?

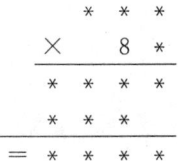

▶答案见 118 页

题 34

两个条件

这道题跟上题一样,乘法算式中所有的数字都被星号 * 代替了,只知道其中一个数字是 7。

另外,我们还知道结果中的五个数字之和为 28,可是这并不意味着这道题比上题简单。

```
      * * *
    ×   * *
    * * * *
    * * *
  = * 7 * * *
```

当然，这个乘法等式是成立的，而且算式的每一行的第一个数字都不等于 0。

▶答案见 119 页

题 35

大空缺

这一次，我们只知道结果。这个乘法等式中每个数字都被星号 * 代替，请问，星号代替的是哪些数字呢？

每一行数字都不以 0 开头。

```
        *  *  *  *
   ×       *  *  *
   ─────────────────
        *  *  *  *
     *  *  *  *
     *  *  *  *
   ─────────────────
   = 1  2  3  4  5  6  7
```

▶答案见 120 页

题 36

8 个数的俱乐部

把数 EFGH 里的四个数字顺序颠倒一下就变成了数 HGFE，这两个数分别是数 ABCD 的 2 倍和 3 倍。

我们已经知道 A，B，C，D，E，F，G，H 分别代表不同的数字，而且以上三个数都不以 0 开头，请问，这三个数分别是多少？

```
    A B C D           A B C D
×         2       ×         3
─────────         ─────────
=   E F G H       =   H G F E
```

▶答案见 120 页

题 37

五个 7

请仔细观察下方的乘式。有一条对角线上的数字都是 7，而乘式中其他的数字都不是 7。

```
        9 6 7              □ □ *
    ×     7 9          ×     * □
    ─────────          ─────────
        8 7 0 3            □ * □
      6 7 6 9           □ * □
    ─────────          ─────────
    = 7 6 3 9 3        = * □ □ □
```

还有另外一个乘式也具备这样的特点，但是这个乘式中，对角线上的数字不等于 7，其他的小方框里数字可以是除了星号代替的数字之外的所有数字。

▶答案见 121 页

题 38

改变数字位置构成的乘式

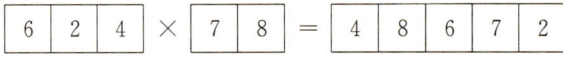

这个乘式的特点就是：得到的结果是被乘数和乘数的数字组合。我们发现等号两边的数字是一样的。

更妙的是，将这五个数字重新组合，会得到另外一个具有上述乘法等式特点的乘式。现在轮到你把它找出来了。

当解决这个问题之后，请你试一试有没有其他的一些数字也具备这样的特点，上面呈现的这个等式只不过是其中一个而已。

▶答案见 122 页

题 39

叠放的方块

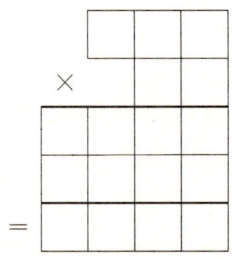

上面这个算式由五行方块构成，从上到下分别代表被乘数、乘数、被乘数

与乘数个位相乘的结果，被乘数与乘数十位相乘的结果，最后的结果，每个方块代表一个数字。这个乘法等式是成立的。

这五个数都可以是一个数的平方，而且这五个数都不以 0 开头。

处于同一行的数字，没有两个是一样的。

答案只有一个。

▶答案见 122 页

题 40

和是不变的

```
        4  1  1
    ×      1  3
    ─────────────
    1   2  3  3
    4   1  1
    ─────────────
=   5   3  4  3
    =10 =10 =10 =10
```

```
         *  *  *
    ×       *  *
    ─────────────
         *  *  *
    *   *  *
    ─────────────
=   *   *  *  *
    =S  =S =S =S
```

请仔细观察左边的乘法等式。每个竖排的数字之和都是一样的，都等于 10。还有另外一个乘法等式也具备这样的特点，但是这一次，每个竖排的数字之和不等于 10。

你能不能找出这个等式，找到这个不变的和呢？

▶答案见 123 页

题 41

多米诺骨牌乘式

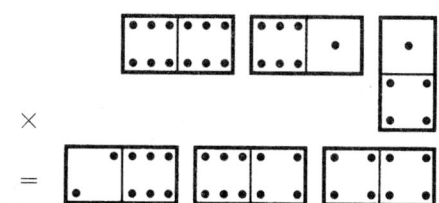

上图呈现的是一副多米诺骨牌的最后一段。为了题目的需要,有些牌并没有摆放在传统的位置上。

请仔细观察骰子的点数。在图中加上一个乘号和一个等号,就能得到一个正确的乘法算式。我们可以验算一下:66 611 × 4 = 266 444

按照下图所示,一个由 8 张骨牌组成的多米诺也能形成一个正确的乘法等式。请你把它找出来吧。请不要忘记相邻的骰子的点数是一样的,而且组成一副多米诺中的骨牌都是不同的。

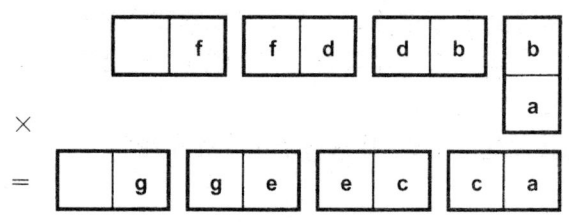

▶答案见 124 页

题 42

骰子乘式

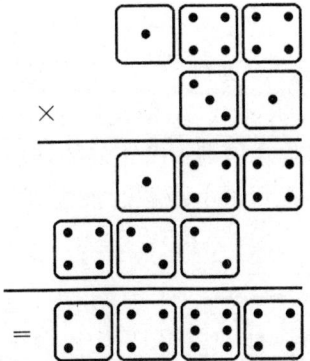

从多米诺骨牌到骰子,只有一步之差。

如上图所示,这是一个由 15 个骰子组成的乘法等式($144 \times 31 = 4464$)。

骰子的位置不变,然后把每个骰子向后转四分一圈(下面这一面就变成了正面),可以得到一个新的乘法等式。

这个新的乘法等式是什么?

48 页中所有的骰子六个面的点数和方向都是一样的。

如果你对骰子不熟悉的话,请看下面的解释:一个传统骰子的相对的两个面的点数相加后都等于 7——1 点和 6 点是相对的,2 和 5 是相对的,3 和 4 是相对的。

▶答案见 125 页

题 43

隐藏的牌

我们从 52 张扑克牌中,拿掉所有的 A,10 和人头牌(K,Q,J)。将剩下的 32 张牌,两张牌一组,放在一起,每两张牌背靠背放着,于是形成了"双面"牌。

如图一所示,这 16 张"双面牌"的正面呈现的是一个正确的乘法等式。图二所示的这个乘法等式并不成立,但是如果你把每张牌都翻过来,并且不改变扑克牌原来的位置,你会得到一个正确的乘法等式。

我们的要求,并不是找到这个隐藏的乘法等式,而是请你找出红心 4 下面隐藏的是哪张牌。

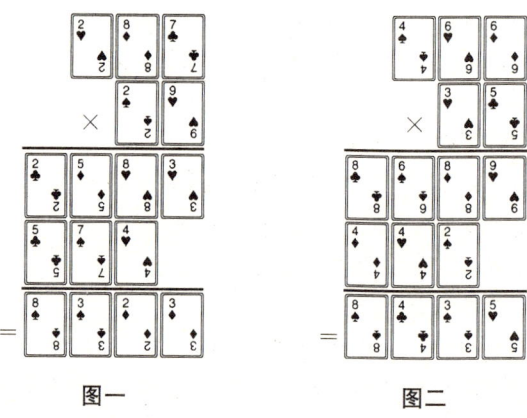

图一　　　　　图二

▶答案见 126 页

第四章

数成行，数相交

　　这一章中所有的题都是要求找出属于一个数列或一个方框中的数，并且会出现一些简单的数学概念（质数，正整数的平方，能被某个数整除的数），也会遵循一些结构上的顺序（会出现0到9十个数字和重复数）。

　　作者的惟一限制就是：每个数列中的数与数之间必须存在一个数学关系或是结构关系，而方框中的数，每个数与它相交的那个数至少有一个共同的数字。

　　介绍就到此为止，最能说明问题的办法就是举例子了。前面几道题都很简单，你可能会由此想到作者另外一本书[1]中的题。

　　每道题中，一个格子里只能放一个数字，所有的数都不以0开头。

---

[1] 《绞尽脑汁的乐趣》（高级），杜诺出版社，2005。

题 44

和与积

这个数列的第一个数是组成这个数列的四个数字之和。

第二个数是这四个数字之积。

▶答案见 128 页

题 45

和为 100(1)

这个数列中三个数的和是 100。

第二个数是组成第一个数的两个数字之积。

最后一个数是组成第二个数的两个数字之和。

▶答案见 129 页

题 46

和为 100(2)

这个数列中三个数的和是 100，而且这三个数从左到右逐渐减小。
把组成第一个数的两个数字调换位置就能得到第二个数。
最后一个数是组成第二个数的两个数字之积。

▶答案见 129 页

题 47

斐波那契数列

这个数列是由 1 到 9 这九个数字组成的，每个数字只能用一次。
从第三个数开始，后面的每个数都是前两个数的和。

▶答案见 130 页

题 48

质数

☐☐☐ ☐☐☐ ☐☐☐

这个数列中的数是由 1 到 9 这九个数字组成的。
数列中的三个数都是质数。
它们的和为 999。

▶ 答案见 131 页

题 49

和是 5 000

☐ ☐☐ ☐☐☐ ☐☐☐☐

第三个数是前两个数的积。
第四个数是第二个数和第三个数的积。
这四个数的和是 5 000。

▶ 答案见 132 页

题 50

十个数字组成的数列

这个数列是由 0 到 9 这十个数字组成的。
数列中有两个数是相连的。
数列中一个数等于组成其他四个数的八个数字之和。
数列中最大的数等于数列中最小的三个数之和。

▶答案见 133 页

题 51

立方关系

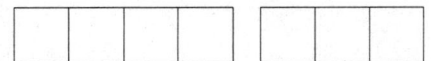

第一个数是组成第二个数的三个数字的立方之和。
同样,第二个数是组成第一个数的四个数字的立方之和。

▶答案见 133 页

题 52

不明确的数列

我们并不知道这个数列一共有多少个数。我们只知道,从第三个数开始,后一个数是前两个数的和。

数列的最后十个数加起来等于 7 293。

请问,这个数列是由多少个数组成的?头两个数是几?

▶答案见 134 页

题 53

一个奇特的数列

这个数列中的五个数从左到右逐渐增大。

这个数列是由 0 到 9 十个数字构成的。

这五个数中至少有一个是某个正整数的平方。

第一个数的第一个数字是 1,而且是质数。

其中一个数是另外三个数的和。

在这个数列中,有一个数是另外一个数的两倍。

▶答案见 135 页

题 54

一道题里出现了三个平方

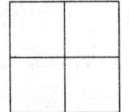

这个格子里的四个数都是不同的。

两个横向的数都是某个正整数的平方。

两个纵向的数中,其中一个是某个正整数的平方,另外一个是质数。

▶答案见 136 页

题 55

换个位置变成和

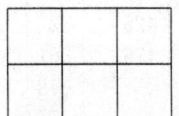

这个格子里的六个数都是不同的。

在纵向的三个数中,任意将其中一个数的两个数字变换一下位置,得到的数都等于另外两个数的和。

横向的数中有一个是某个正整数的平方。

▶答案见 137 页

题 56

17 的倍数

这道题,与其说是一道代数题,还不如说是一个拼版游戏。你要从 17 的倍数中找到六个填在下面的格子里,必须满足以下条件:

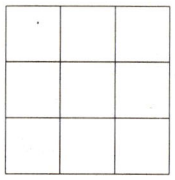

这个格子里的数是由 0 到 8 这九个数字组成的,每个数只能用一次。
横向的三个数都是 17 的倍数。
纵向的三个数也都是 17 的倍数。

你没有必要把 17 的所有倍数都找出来,然后排除掉含有 9 和含有两个相同数字的数,我们已经把满足条件的 17 的倍数都在下方列出来了,并且将它们按照从小到大的顺序排列。

你要做的就是,在这 28 个数当中,选出六个填在上面 3×3 的格子里,并且满足题中的要求。

102	204	306	408	510	612	714	816
136	238	340	425	527	680	731	850
153		357	476	561		748	867
170		374		578		765	
187						782	

▶ 答案见 138 页

题 57

八个数的俱乐部再次出现

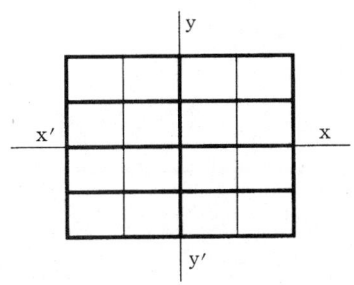

2	8	3	5
1	7	4	6
4	5	8	1
6	3	2	7

将 1 到 8 填到上面的格子里,每个格子里一个数字,这八个数字每个都可以用两次,但是必须满足下面的条件:

我们可以看到加粗的线条将这些格子分成了八个多米诺骨牌,每个骨牌里的两位数都必须是不同的。

以 $x'x$ 为中轴线,$x'x$ 上方和下方的格子里分别填入 1 到 8。

以 $y'y$ 为中轴线,$y'y$ 左边和右边的格子里分别填入 1 到 8。

第三行的四位数等于第一行和第二行的数之和。

第四行的四位数等于第二行和第三行的数之和。

这道题有两个答案,其中一个已经给出来了(见右图)。请找出另外一个答案。

▶答案见 138 页

第五章

字母算式谜

　　一看到这章的题目,我们首先会想到字母算式谜的规则,可能你已经知道了,字母算式谜是很奇妙的数学游戏,在解决这些难题时会用到不同的逻辑推理。

　　一个字母算式谜就是一个代数式或是一则加了密的运算,通常是加法,每个数字都由一个字母表示,并且遵循以下规则:

　　——同一个数字往往是由同一个字母代替;

　　——两个不同的数字分别是由两个不同的字母代替;

　　——除非作者有特别的说明,否则不考虑字母上的音符($E = \acute{E} = \dot{E} = \hat{E}$),

　　——所有数的最高位都不是0。

　　最后都是要求得出最初的数学表达式,当然这个表达式必须是正确的。

　　这类型的题有一个好处就是它并不需要你有特别的知识,只是一些加法和乘法,涉及的也是大家都知道的基本概念。它的这个普遍性让它能跨越所有的语言障碍。

　　字母算式谜的作者并不是根据一个现有的数字运算来寻找与之相对应的文字或信息,而是恰恰相反,他会先创造一个信息或是一段文字,再来解决相应的字母算式谜,跟你解这章里面的难题的过程是一样的。

　　有两种可能:

　　——这个字母算式谜没有解,可以将其扔到一边;

　　——这个字母算式谜至少有一个解,除非特殊情况,作者不会强调这道题只有一个答案。

　　根据这个原则,你为什么不试试创造一个属于自己的字母算式谜呢?

另外，解这种类型的题不需要很多的计算，推理是最重要的。但是，作者很难在一开始就能找到最好的解决方法。这需要时间，需要把它当成一个职业认真对待，灵光一闪，最快速最简捷的方法就出现了。我一直认为，一个好的字母算式谜好就好在它的解决步骤和分析上，最后的结果只不过是准备过程的最后一个环节。这就好像当瓶盖揭开之后，我们在品尝上等红酒之前，会先看看它的颜色，闻闻它的香味。

不需要再等了，请马上做第一道题，如果有需要的话，不要犹豫去看答案吧。我最希望看到的是，你在不同的推理过程中能慢慢发现这种数学题的精妙所在。

第五章　字母算式谜

题 58

$$\text{Raisonne} + \text{essais} = \text{résultat}$$

```
    R A I S O N N E
  +     E S S A I S
  = R E S U L T A T
```

这个字母算式谜是由让-卢克·迪歇纳（Jean-Luc Duchêne）提出的，刊登在 1967 年 1 月 19 日法国第 1501 期的《斯皮鲁报》上，简直可以说是一个奇迹。

这道题的信息就集中在三个单词上，但是其中蕴含着一个悖论[①]：从算式中的单词来看，这道题好像需要反复试验，但是其实并不需要，这个问题不需要通过任何验算就能解决。只要经过一系列的推理和一点估算就能解决这个问题。请你愉快地找出这道题的答案吧。

▶答案见 140 页

题 59

$$\text{Tigre} + \text{lionne} = \text{tigron}$$

这跟事实是如此一致[②]！法国 1985 年 2 月第 26 期的《游戏与策略》上刊登了这个由弗朗索瓦·布拉索（François Brassaud）提出的字母算式谜。

[①] Raisonne 这个词中蕴含着 Raisoné 这个法语单词，这个词的意思就是：经过推理，Essais 在法语中的意思是：多次试验，Résultat 的意思是：结果。

[②] Tigre 在法语中的意思是：老虎，lionne 在法语中的意思是：母狮，tigron 的意思是：老虎同狮子所生的杂交动物。

$$\begin{array}{r}\text{TIGRE}\\+\text{LIONNE}\\\hline=\text{TIGRON}\end{array}$$

九验法对解这道题有很大的帮助,但也不是必不可少的,也有其他的解法。

▶答案见 141 页

题 60

Demain mardi, je suis à Madrid[①]

请先找出(A, M, A, D, E, U, S)的四种可能性。然后,在检验它们是否符合这个等式时,你很容易就会发现字母 I 只能等于一个数。接下来,这道题就能迎刃而解了。

---

① 这句话的意思是:明天星期二,我在马德里。

```
    D E M A I N
+   M A R D I
+           J E
+     S U I S
+             A
= M A D R I D
```

▶ 答案见 142 页

题 61

Reste à Madrid[①]

马特·海姆(Matt Helem)，一个非常特别的有名间谍，在经过千难万险之后，来到巴黎郊区和他的"接头人"会合。接头人按照事先说好的那样，留了一个加密信息告诉他接头地点，对马特来说，这个信息很难解读。

但是，对于你来说，这个信息也是有用的。相信你已经了解了，我们首先要求你解开这个字母算式谜，等解开这个字母算式谜之后，你只需要将信息中的每个数字或是字母用对应值替换，就能解开马特收到的这个信息了。

```
    R E S T E
×           A
= M A D R I D
```

---

① 这句话的意思是：留在马德里。

053467　34167　4　94862，R　！5μ852，MTA　8μ548§！63505.

▶答案见 144 页

题 62

J'arrive jeudi de Madrid[①]

这是马德里系列的另外一个字母算式谜,这道题可能让你有些头疼。它只有一个答案。

一个建议:请好好观察,R 出现了好几次。

```
              J
+     A R R I V E
+       J E U D I
+           D E
= M A D R I D
```

▶答案见 146 页

题 63

Février 28[②]

现在我们来看一道经典的历法题演变而来的字母算式谜吧。二月是比

---

① 这句话的意思是:我星期四从马德里回来。
② 这句话的意思是:二月 28 天。

较特殊的月份，这个月只有 28 天，有时候有 29 天，而我们由于本题的需要把 JOUR[①] 中的 U 用 V 来代替，请看下面这个比较特殊的字母算式谜：

FÉVRIER＝28×JOURS，或者我们把它写成更常用的算式形式：

$$\begin{array}{r} \text{J O V R S} \\ \times \qquad \text{2 8} \\ \hline =\text{F E V R I E R} \end{array}$$

七验法和八验法可能对你解这道题有所帮助。

▶答案见 147 页

题 64

海盗船长的年龄

有些数学题是从一些小故事中演变而来的，这样的题也可以归为算术谜一类。下面这道题就是其中之一。

如果有一天你有机会去圣马洛这座美丽的城市游玩，我建议你去城墙附近转一转。在那里，你会看到一些名人的雕像，正是这些名人让这座城市有了海盗之城的称号：一手指向大海的罗伯特·苏尔古夫，1534 年代表法国国王占领加拿大的冒险家雅克·卡蒂埃以及更为谨慎的海盗船长勒内·迪盖-特鲁安，可能我们今天会称之为海军司令。

在这位海盗船长的雕像底座上，刻着他出生和死亡的年份。不需要特别好的视力就能看出他的出生年份中的四个数字都是不同的，而他的死亡年份中的四个数字和出生年份中的四个数字是一模一样的，只是除了第一个数字都是 1 之外，另外三个数字的位置都不一样。

现在，好奇如你，一定会计算这两个日期的差，你会发现构成这个差的两个数字正好是他死亡年份的最后两个数字，但是位置却相反。

根据上面给出的条件，你能求出这位船长是哪一年出生的吗，他又活了

---

① 这个词的意思是：日子，天。

多少年呢？

▶答案见 148 页

题 65

未知数 X

这道题中所有大写的单词都是符合字母算式谜规则的加密数字，规则请参见本章开头的解释。请你将它们解出来吧。

我们已经知道 CUBE 是一个正整数的立方，CARRE 和 UN 都是某个正整数的平方。

另外，我们还知道 X 的一半会出现在 NICE 里。

现在我们只需要你求出 CINQ 是几，注意这是一个质数。

▶答案见 149 页

题 66

两个数字顺序相反的数的积

$$\begin{array}{r} A\ B\ C \\ \times\quad C\ B\ A \\ \hline = D\ E\ F\ D\ E\ G \end{array}$$

在这个乘式中，被乘数中的三个数字 A，B，C 各不相同，乘数也是由这三个数字组成，但是数字的顺序正好相反。

积的后三位数字各不相同，但是这三个数字组成的数等于前三个数字组成的数加上 1（DEG = DEF + 1）。

这道题只有一个答案。

一个小提示：ABC 里的数字不一定和 DEF 和 DEG 的数字完全不同。

▶答案见 150 页

题 67

请做加法！

左边这个加法算式中的 9 个数各不相同，这 9 个数同时出现在右边这个算式中。这 9 个数中，只有用 * 号代替的数字在这两个算式中的位置是一样的。

其他数字的位置都发生了变化，但是只限于在同一行中变换位置。

所有的数最高位都不是 0，而且 6 出现在第二行中。

你能找出这两个算式吗？

解这道题不需要什么计算，只需要推理就能解出来，我们可以借助用不同的字母代表不同的数字这个规则，以及数字之间的关系比如说小于（<）和大于（>）。

▶答案见 150 页

题 68

顺序不同

A，B，C，D四个数字构成了下面这个加法等式，这四个数字各不相同也都不等于0，五个加数都是有这四个数字组成，但是数字的顺序都不同。

为了让题目不是那么复杂，五个加数的数字顺序已经如下图所示排列好了。

请问，这四个字母分别代表了哪个数字呢？

$$
\begin{array}{r}
B\ C\ D\ A \\
+\ B\ A\ D\ C \\
+\ B\ D\ A\ C \\
+\ B\ C\ A\ D \\
+\ B\ A\ C\ D \\
\hline
=\ A\ B\ C\ D
\end{array}
$$

一共有9个不同的加法算式具有这样的特点：A，B，C，D四个各不相同且都不等于0的数字经过不同的组合构成了五个不同的数，这五个数的和也是由A，B，C，D这四个数字组成的。

其中一个就在100页的第12题出现过，题目为《合成法则》。

最高纪录是由(1, 2, 6, 9)保持的，这四个数能有七种不同的配置，其中三种最后的结果都是9612。

▶答案见151页

第六章

基础几何

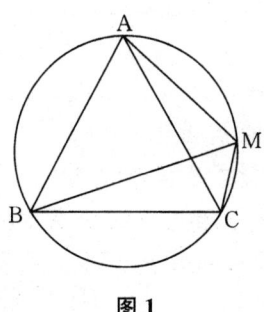

图 1

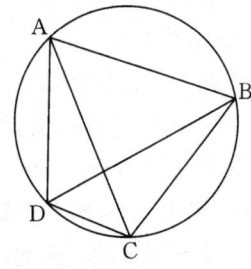

图 2

等边三角形 ABC 内接于圆 C 内,任意一点 M 在弧 AC 上(参见上图 1)。无论点 M 落在弧 AC 上什么位置,等式 MB ＝ MA＋MC 永远成立。

现有任意四边形 ABCD 内接于圆 C 内(参见图 2)。无论四边形的面积为多少,等式 AC×BD ＝ AB×CD＋AD×BC 永远成立,这一有名的结果被称为托勒密定理。

面对这样真正独立于初始条件的结果的魔力怎能不赞叹呢?欧氏几何学充满了其他同样出人意料的结果。我们用例子列举如下:

——设三角形 ABC 的三个顶点在一条已知的等轴双曲线 H 上,那么这个三角形的垂心同样位于这一双曲线上。

——设通过三次曲线 C 的一个点 A,使一条切线与三次曲线再次相交于点 B 和 C,曲线上位于 A、B、C 三点的三条切线与三次曲线重新相交于呈直线的三点 A'、B'、C' 上。

几何并不是独占这些数学珍宝。比如我们思考格雷戈里-莱布尼茨公式,由下面交错的奇数倒数序列表示：

$$S = 1 - \frac{1}{3} + \frac{1}{5} - \frac{1}{7} + \frac{1}{9} - \frac{1}{11} + \cdots$$

序列第一项 n 的总和交替变化，如果 n 为奇数则大于 π/4，如果 n 为偶数则小于 π/4，当 n 无限增加则趋近于 π/4 这个数字。

这一结果出人意料。对于所有不了解它的有见识的人，源于一个几何概念、表示一个圆的圆周与其直径关联的数字π，以及一个揭示了纯算术学概念的交错的奇数倒数序列，两者之间先天上有何种联系呢？这一结果独自总结了数学的魅力及其不同分支学科间的相互依存。

事实上，奇妙的并不在于结果本身，而在于其结果甚至早在人类存在之前就已经是真实的了，而那时数学还未被研究，尤其是多亏了人类的智慧、思想的演化以及几个世纪的知识积累，它们已经被论证出来了。也不要忘记同样的结果曾被不同文化、相互陌生的人独立发现。

如果只是为了这个，数学应该以和其他学科一样的身份从属于文化，我们甚至会惊讶某些思想正统的人想要把数学从它们中间分离出去。某些人难道忘了，莱布尼茨——就像其他著名的人物一样——既是哲学家又是数学家吗？

更通俗点儿说，不要和快乐斗气了。通过这一章的几个问题来重拾基础几何的乐趣吧。除了第一题和第三题，这些题目都是中学水平。

题 69

面积与周长同值

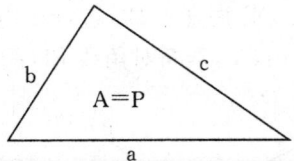

这个问题来自于经典汇编,却鲜为人知。在中学阶段你们极有可能遇到过这个问题,但你们也许忘记了。

找到集合下列两个特征的所有直角三角形 T:
——三条边的长度 a、b 和 c 是整数;
——周长 P 和面积 A 表示为同一个数字。

▶答案见 153 页

题 70

整数梯形

找到集合下列两个特征的最小直角梯形:
——四条边的长度 a、b、c 和 d 是整数;
——周长 P 和面积 A 表示为同一个数字。

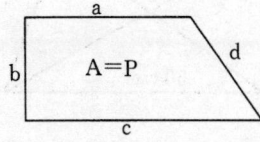

▶答案见 154 页

题 71

梯形的对角线

在直角梯形中,对角线 DB 垂直于 BC 边,BC 边等于 AB 边。已知 AD 边的长度为 10 cm,推断对角线 BD 的长度。

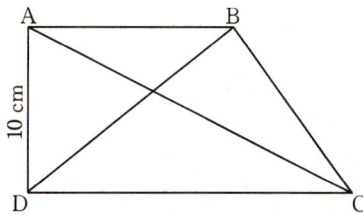

▶答案见 154 页

题 72

关于梯形的面积

在直角梯形中,我们只知道三角形 EAB 和 ECD 的面积分别是 32 cm² 和 50 cm²,E 是对角线 AC 和 BD 的交点。

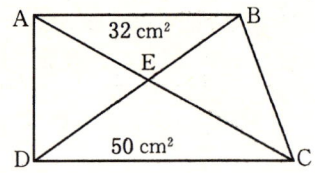

边的长度为未知,这些惟一的已知条件足以确定每个三角形 EAD 和

EBC 的面积，进而可知梯形的面积。此外就不问任何问题了。

▶答案见 155 页

题 73

三角形的高

在下图的四边形中，对角线 AC 和 BD 各长 10 cm。E 和 F 分别是边 CD 和 BC 的中心，直线 AE 和 DF 相交于 I。

在三角形 IEF 中，三角形的高 IH 的长度是多少？

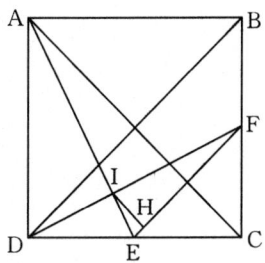

▶答案见 155 页

题 74

四边形与平行线

已知两条直平行线 D、D′和两条线之外的一点 P，完成几何作图：作四边形 PQRS，使得它的一个顶点落在 D 上，另一个在 D′上。

根据分别落在 D 和 D′ 上的两个顶点是相连还是相对,这个问题会有两种不同的答案。

通过几何作图,我们知道所有的作图都使用惟一的工具:尺、圆规;当然还有书写的工具。

•P

(D) _____

(D′) _____

▶答案见 156 页

题 75

周长与角

建立一个满足条件的三角形:
——它的周长,与线段 MN 的长度相等;
——B 和 C 为它的两个角。

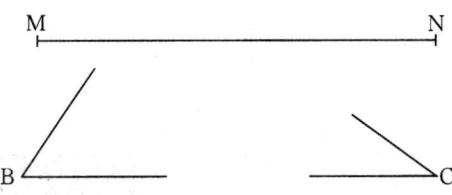

▶答案见 157 页

题 76

月光下散步

下边的图形是由两条半径大概为 20 厘米的弧线组成的封闭新月。

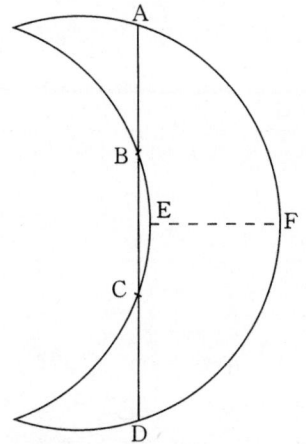

穿入一条割线 AD,并被分成三段相等的 AB, BC, CD,等同于中心部分宽度 EF。

那么宽度 EF 是多少?

注意:这个宽度对于所有平行于 EF,两端在弧线上处于新月之内的部分是常数。

▶答案见 158 页

第七章

演绎与视觉拼版游戏

到这里，我们花了很大的篇幅给数字与计算。现在进行纯粹的推理。除了第83题的衍生问题，不需要任何特别的数学知识来解决这章的问题，尽管有些带上数字的标记，但其角色不管怎样是受局限的。

然而注意了！这样并不意味着这些题是容易的。良好的历法算术知识对于第6题的解答尤有帮助，尽管不是必需的。给你点提示，2010年与1982年在日期与每周的星期上是吻合的，两者都以周五开始和结束。

与本书前面部分不同的是：这一章节的第二部分讲的是视觉游戏与观察游戏，但是你的逻辑性与演绎推理能力较空间智力更有用，除非这些是补充性能力。如果有可能，试着思考解决而不借助于其他人为的手段与技巧。这一过程中还能得到比如正立方体或者从你的书中剪裁几页下来。

题 77

地方声望

一项旅游集训调查旨在让参赛者找出当地一个有名望的人的名、姓以及从事的行业。这三个内容（姓，名，学科）分别有三个回答。

以下是四位参赛者给出的答案：

	参赛者 A	参赛者 B	参赛者 C	参赛者 D
名	雷蒙	亨利	亨利	奥古斯特
姓	普安卡雷	普安卡雷	马蒂斯	雷诺阿
学科	政治	数学	美术	美术

你会发现，这四个人对三个内容给出的答案能得到四个法国人的身份及他们的专业，但这跟我们要找的这个人没有什么关系。

每位参赛者只有一个回答是符合我们要找的这个人物的真实信息的，这已足够让你找到这位知名人士的姓名和职业。

▶答案见 159 页

题 78

国际径赛冲刺

现在是第二十届环法自行车赛的最后一个环节，这个赛段是从莫里其纳驶往第戎。这也是让一些籍籍无名的选手展现自己的最后机会。不一会儿，已经有十位选手成功地甩掉了队里的同伴。他们一个跟着一个，各来自不同的国家。

挪威人在西班牙人前面。

荷兰人与法国人中间只有一个选手。荷兰人在前面。

葡萄牙人和意大利人之间有两位选手，其中一位来自德国。葡萄牙人在前面。

比利时人与德国人之间有三位选手，比利时人在前面。

卢森堡人与瑞士人之间有四位选手，其中一位来自意大利，卢森堡人在前面。

十位中的哪一位是领头羊？

▶答案见 159 页

题 79

气象先生的谎言

拥有尖端科技的国家中的居民能够确定一个星期之后的天气，但五大电视台的气象专家撒谎的现象仍然层出不穷。

一台不提也罢,总是撒谎。二台在月份中偶数日撒谎。三台在月份中 3 的倍数的日期撒谎。四台在月份中 4 的倍数的日期撒谎,而五台则在月份中 5 的倍数日期撒谎。

我正好在某一天的晚饭前到这个国家,听了二台和三台的简报。两位专家一致预告第二天是个好天气。

第二天中午,四台播报全天好天气,但五台气象先生宣告:雨,从早至晚。

那么我是一月中的哪一天到这个国家的?

还有,第二天是什么天气?

▶答案见 160 页

题 80

蝉与蚂蚁

必须从下图中提出哪三个单词,以用它们的十八个字母写出标题《蝉与蚂蚁》(La cigale et la fourmi)?

AGOUTI	COURGE	LIMACE
AGRAFE	COUTIL	LIMULE
AGRUME	FIGURE	MAILLE
CAILLE	GALERE	MERULE
CARAFE	GATEAU	MOUFLE
CIGARE	GRELOT	RATEAU
CORAIL	GRILLE	ROUGET

字母上的音符不用考虑。

▶答案见 161 页

题 81

音乐谜语

从一本老的不列塔尼-拉丁语祈祷书，以及从一本法语-拉丁祈祷书中，我找到主的弥撒颂歌的前四句诗句，以下是仿造的，顺序不对。

> Sancte Joánnes
> Mira gestórum fámuli tuórum
> Ut queant laxis resonáre fibris
> Solve pollúti lábii reátum

你能将这四句排列成正常顺序吗？即使你不是一位杰出的拉丁语者，一小段时间的观察后你应该就能找到思路了。

▶ 答案见 161 页

题 82

重逢

这道题出现在 1987 年 4 月至 5 月的《游戏与战略》的竞赛题中，迷惑了不少参赛者。其中一些选手认为是不可解决的，可能是因为对格列历中的玩笑不太熟悉。

而你是否能破解这道题中的陷阱，识别出五年后重聚在一起的四位伙伴？

这四位朋友在餐厅里聚会，每一位都带上了各自的配偶。对于这八个人，我们知道：

1. 亚历山大和他的夫人生于同一年的某个周一。在他们结婚的这一年，亚历山大的生日是某个周五，而他夫人的生日是某个周四；

2. 诺埃尔的名字根据她的生日 12 月 25 日而得来,她比她丈夫年龄大一些;

3. 克拉热生于 1982 年,她的丈夫生于一月份的某个早晨;

4. 朱丝提娜在某个周五结婚,正好是她生日的前一天,多米尼克在这之后一周的周四结婚,第二天就是她的生日;

5. 克劳德,尼古拉的夫人与福雷德里克各出生于同一年的某个周五,日期是 13 号,月份不同,福雷德里克更年轻。

这些信息足够你知道哪些人是夫妻。谁娶了谁?这八位人中哪位女士是在 2005 年 5 月 12 日结婚,且刚好是她生日的前一天?特别要问的是,克拉热是在哪一天结的婚?

▶ 答案见 162 页

题 83

日式台球

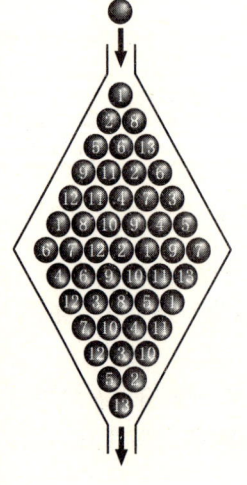

在这样的球台上,如果一个球从上往下滚,它会一行一行地从一个球洞滚到另外一个相邻的球洞里。

它肯定先落到第一个编号为 1 的球洞里,然后,它会落到第二行的 2 号球洞或是 8 号球洞中。

从 2 号球洞,它可能会落到第三行的 5 号球洞或 6 号球洞里。如果它是从 8 号球洞往下落,就会可能落到第三行的 6 号球洞或 13 号球洞,等等。

不管下落的途径是哪一条,球在每一行都会经过一个球洞,最后会经过最下面的第 13 号球洞。

很奇怪吗?在球下落的过程中,可能会经过 13 个号码各不相同的球洞。

你能找到这条路径吗?

附加题:在这个球台上发生这样的情况的概率是多少?

▶ 答案见 164 页

题 84

三角蛇

下左方的图是一个网状的等边三角形,其中 25 个节(或者称为交点)可通过似蛇形的开口折线彼此相连,从而组成了 24 段,3 段组成一个板块。下右方的图展示了这个可能性,但不符合所提出的问题。

1. 向你提出的问题是,找出一条开口折线组成八个板块,不论通过旋转还是翻转得到不同的形状。下面这个例子不符合这样的要求:板块 2,5 和 6 其实是一样的。

此外,两个板块的过渡要加入方向变化,如例子当中的情况,除去 6 至 7 的过渡都是沿着右线的。

最后,不允许任何交叉情况出现。

 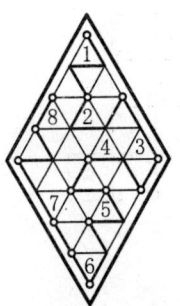

2. 遵循相同的原则,你能在这张网上画出一条穿过 24 个节的封闭线条吗,从而使划分出来的八个板块各不相同,两个板块的过渡还要加入方向的变化。

▶答案见 166 页

题 85

一模一样的骰子

旁边的图展示了九个纸制骰子的渐屈线,其中的两条线完全相同。哪两条?心算解答。

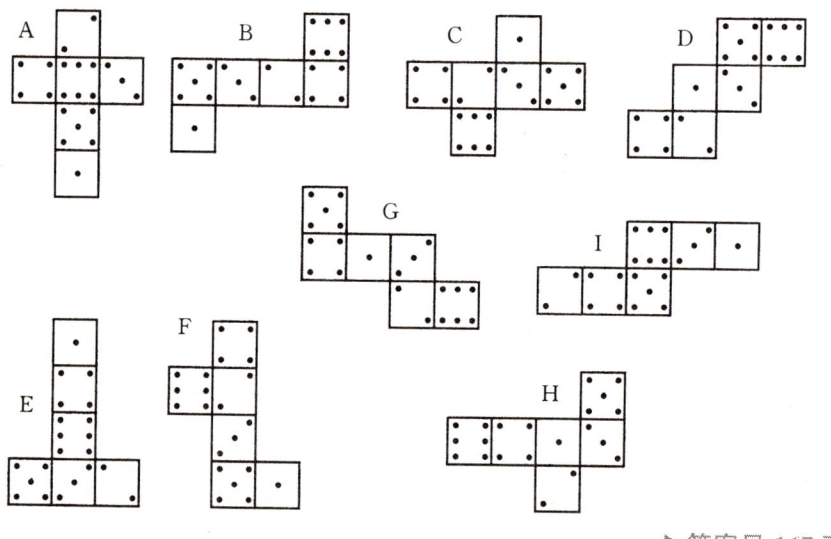

▶答案见 167 页

题 86

不规则

下一页四张图其中的三张展示了同一个立方体的不同角度。由于我们的摄影师分心,其中一张在冲洗的时候被倒转了。至于第四张,拍的是一个不同的立方体。

请问这四张图片里：

哪一张是倒过来的？

哪一张中的立方体不同于其他三张？

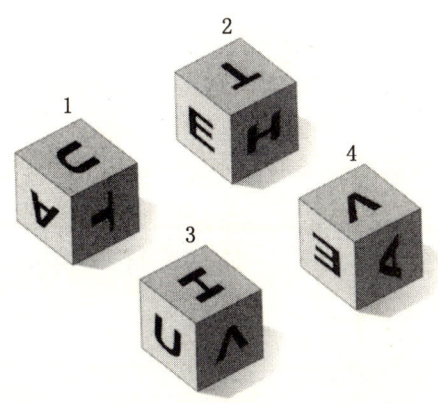

▶答案见 167 页

题 87

赶走入侵者

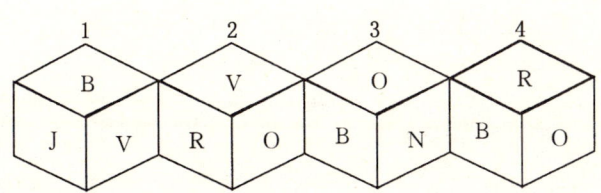

上面四张图其中的三张展示了同一个立方体的不同角度，还有一个立方体与其他三个不同。

与其他三个不同的是哪一个？

三个相同的立方体中与黄色面相对的那一面是什么颜色？

注意：不要分心在平面上的字母。字母只是对颜色的表示(B=Bleu 蓝色，J=Jaune 黄色，N=Noir 黑色，O=Orange 橙色，R=Rouge 红色，V=Vert 绿色)。

▶答案见 168 页

题 88

骰子被隐藏的一面

前段时间我在一家道具店找到这么两个漂亮的骰子。一位被其不同四面所吸引的专家拍摄下了它们。

下面是相应的四道测试题。

问题是什么？很简单的：第四张照片上贴在桌面上的点数之和是多少？

1　　　　2　　　　3　　　　4

▶答案见 169 页

题 89

重叠后的信息

先沿着垂直轴 y'y，再沿着水平轴 x'x 折叠下面透明的纸。两次折叠后可以得到一个熟知的女性名字。
　　当然,答案应该通过思考解决,特别是不能剪下书上这一页消遣。

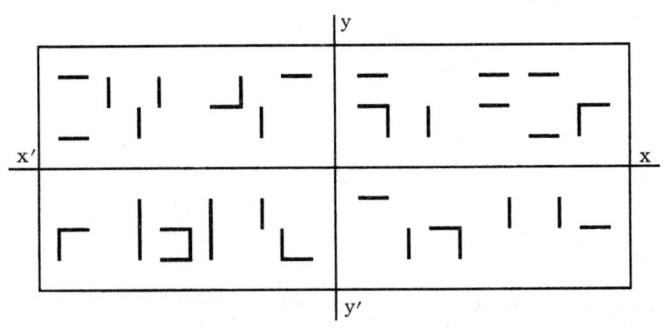

▶答案见 169 页

第八章

混合填字格：新解码填字格

来自新西兰，于2004年10月份登陆大不列颠，之后于2005年7月传到法国的九宫格数独游戏风靡一时，解读逻辑填字格的问题已经在游戏杂志与数学再创书籍上占据明显的版面。

九宫格数独之前人们尤为熟知的是"自我参照填字"、"首字母填字"、"扫雷"，比利时人让·皮埃尔·拉比利克发明的"雏菊游戏"、"帐篷游戏"、"阿拉伯数字"等等。

九宫格数独成功之后出现了许多新的逻辑填字，都非常有趣，大部分带有日语音调。这里列举一些如 hanjie，数谜（kakuro），hashi，一个人的游戏（hitori），mosaïku，fillomino，kamaji，futoshiki①……

只要走进报刊亭的游戏杂志书架边，就能感受到置身于许多刊登此类练习杂志中的幸福感。

这类游戏的好处是，也是能解释其成功之处：它不要求任何特别的数学知识，每个人都能算，至少表面看上去是这样！不管哪种游戏都按照难度递增的顺序排列，有些还来自拼版游戏，以至于人们差点认为是孩子的游戏。

本书以自己的方式邀请你进入一个较为陌生的填字游戏世界。它由独数的大部分规则启发，混合了一些其他例如"首字母填字"、"五方格游戏"、桥牌的结构，要在这个世界通行，一些"自我参照填字"也不可忽视，这样务实的和机械的拼版游戏爱好者们能够从以上这些当中获取灵感，拓宽收集，大功告成啦。

---

① 这些都是游戏的名称。

题 90

拉丁方格

下面这个图形是有序数列 6 的拉丁方格:每行每列都有 1 至 6 这几个数字。

①	②	③	④	⑤	⑥
⑤	③	①	⑥	④	②
②	④	⑥	①	③	⑤
④	⑥	②	⑤	①	③
⑥	⑤	④	③	②	①
③	①	⑤	②	⑥	④

方格不仅具有行列的对角线特性,两条中心对角线上还有 1 至 6 这几个数字。

问题是:涂黑这个方格中的 30 个小方格(或者用硬币盖住,或者其他的东西,如果你不想弄坏书),遵守下列两条规则:

操作完成后,保证每行每列以及两条中心对角线含有并只有一个方格是未涂黑的。

留出填有 1 至 6 这几个数的小方格。

▶答案见 170 页

题 91

第二个拉丁方格

以下含有有序数列 1 至 6 的拉丁方格中只知道这六个数字的位置。按照每格一个数的原则,填充上面的方格,保证每行每列以及两条中心对角线上都有 1 至 6 中的每一位数。

	3				
4					
				5	
		6			
				2	
			1		4

答案是惟一的。

▶ 答案见 170 页

题 92

红与黑

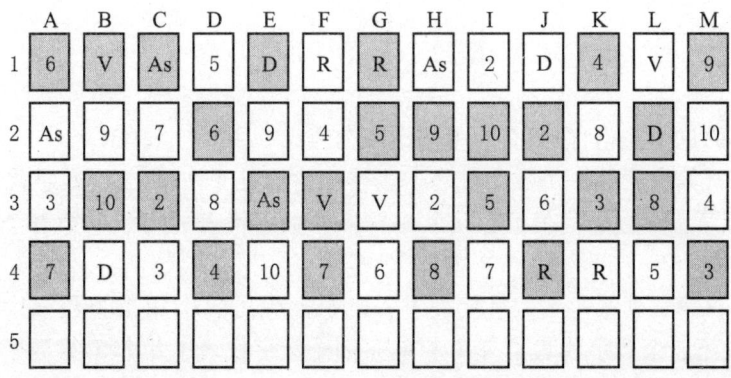

将 52 张桥牌分成 4 行,每行 13 张。红牌(红心与方块)放在白框里,黑牌(黑桃与草花)放在灰框里。要求是:于每行选出一张牌,放到这一行的第

五格中,并遵循以下两个条件:
——所有放到第五列的牌必须是不同值的;
——第五列相邻的两张牌必须是不同色的。

如果你为此成功欢欣鼓舞,什么也挡不住你对其他格子的欲望,随机改变52张牌的分布,但注意了! 有些顺序是无解的。

▶答案见第171页

题 93

自我参照填字

你可以借助作者已出的两本著作了解"自我参照游戏"。为防止你遗忘,我们在此给出定义。

4	3	6	1	2
8	0	4	2	1
2	1	6	6	1
2	0	2	0	2
2	3	5	5	2

上面这个表格称为"自我参照游戏",当:
——第一列第一个数字代表了表格中含有几个1,第二个数字代表了有几个2,第三个数字代表了有几个3,第四个数字代表了几个4,第五个数字代表了有几个5;
——第二列第一个数字代表了表格中含有几个6,第二个数字代表了有几个7,第三个数字代表了有几个8,第四个数字代表了几个9,第五个数字代表了有几个0。

前两列完全空白的情况下解码此类表格是不容易的。因此邀请你参与这个练习。

按照每格一个数字的原则,填充下列两个表格,保证其能够以前文介绍过的标准自我参照。

		4	4	4
		0	0	2
		3	4	6
		9	0	1
		4	4	4

		8	6	0
		7	0	0
		1	1	1
		4	3	0
		6	0	9

每一个表格只有一个答案。

▶ 答案见 171 页

题 94

对称自我参照表格

对传统表格以外的特色表格的探索耐人寻味。因此有了针对第三行与第三列的"对称自我参照",而不是针对中心对角线之一或是中心方格。

按照这种思想,本书邀请你解答下面的"对称自我参照表格"。其特点是以中间列对称,第二与第四列对称,第一与第五列也是。只有一个答案,解答较简单。

		1		
		2		
		3		
		4		
		5		

你可以提出另一个话题:"对称自我参照表格"是否总是有解,不论不同的五个数字进行怎样的组合组成第三列?如果是,答案是不是惟一的呢?

如果你喜欢这个游戏,那么将有252种不同的表格等待着你,包括上面的,除去周六、周日与节假日休息,一年当中你每天都要做题。

▶答案见171页

题 95

八个数

如果你热衷九宫格数独,此题专为你准备。解码下面的两张表格时你将产生与以前相同的感觉,然而却还多了一份淡淡的算术味。

题目是要填充这两张表格,每格一个数,并遵循下面三个条件:

——三行水平行每行都有1至8这几个数字;

——同一列中不能含有相同的两个数字;

——尤需指出的是,第三行的数字是对应的第一、第二行数字之和。

每张表格仅有一解。

3	7		2				
				5			
	4	8	6				1

表1

6				7			
	2					4	
		3	5	1			8

表2

找出符合这三个条件的表格本身不难,除非按方法解答。下图展示的是若干种可能排列图形中的一种。

3	5	1	2	4	6	7	8
1	3	2	4	6	5	8	7
4	8	3	7	1	2	6	5

这个特性可扩展到一整张含1至9所有数字的3行×9列的表格中,0

至 8 的 3×9 表格中,0 至 9 的 3×10 表格中。

此外,用 1 至 9 挑选出的数字在此模型上制成的若干表格之一在本章末等待着你(参考:第 89 页题 100,名为《加法 SDK》!)

然而,若要满足这三个条件的话,用 1 至 7 的数字组成规格为 3×7 的图形是不存在的。

▶答案见 172 页

题 96

超级八

1							6
		4				3	
			5		2		

延续上一题的逻辑:每格一个数,遵照下列四个条件填充表格:
——水平行中的每一行都有 1 至 8 这几个数字;
——同列中不能有相同的两个数;
——第三行的数字是对应的第一、第二行数字之和;
——第四行的数字是对应的第二、第三行数字之和。
答案只有一个。

▶答案见 173 页

题 97

"多米诺骨牌被隐藏的那一面"

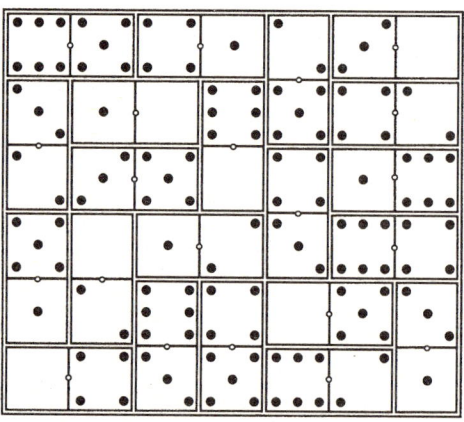

挑出传统多米诺骨牌的重复牌后,可以通过剩下的 21 张制成规格为 $6×7$ 的表格,其中:

——每行上含有值为从 0 至 6 的牌;
——同一列上没有相同点数的骰子。

上图向我们展示了符合这两条规则的众多表格之一。如果你感兴趣,你甚至可以去找此类表格消遣:这就是拼版游戏的吸引人之处。

还是据此原则,下图列举了另两张符合上述两条规则的多米诺表格,不同的是反转了一些多米诺。你能算出两张表格的任一张中藏于反转多米诺的值并重现表格原貌吗?

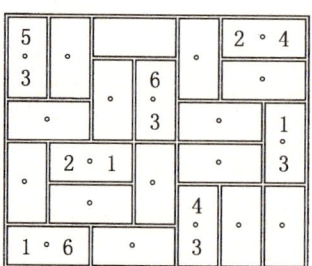 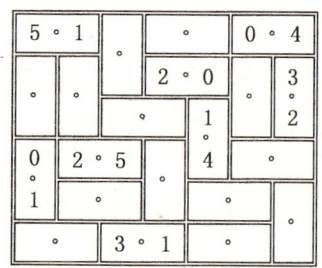

两张表格的解答都较简单,而且仅有一个答案。数独的爱好者将重临其境,并找到新感觉。

注:出于可读性的务实原因,点用相应的数字表示,呈简易制图。

多米诺游戏中,0至6的数值与另一个惟一的数值相连,仅且只能一次,不允许类似的情况出现,如两张数值为4-3的牌。

▶答案见174页

题 98

多米诺拉丁方块

下图展示的是(或者准确的说是曾经展示)完整的多米诺游戏,拿走了七张点数相同的牌。

剩下的18张牌排列成拉丁六方格,具体如下:
——每个水平行上的六个数字是彼此不同的;
——每个竖排上的六个数字是彼此不同的;
——两条中心线上的六个数字是彼此不同的。

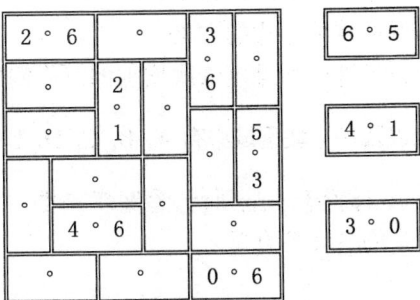

三张不用的牌放于方格右方。

与上题相同,多米诺的一些牌翻转盖住了。你能找出每张多米诺骨牌的点数并重组出最初方格吗?

多米诺游戏中,0 至 6 的点数与另一个惟一的点数相连,仅且只能一次,不允许类似的情况出现,如两张点数为 4-3 的牌。

▶答案见 174 页

题 99

九宫格数独与五方格

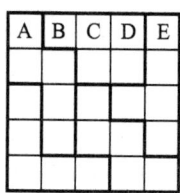
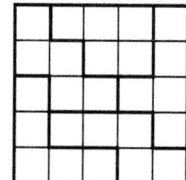
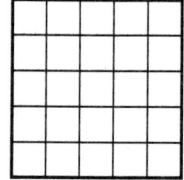

将 5×5 的方格分成 5 块各含有 5 个小方格的区域,每一区域各不相同,是封闭的。这道题存在不低于 107 种不同的解法,除去通过对称或旋转得到的解法。

大多数情况下,剪切可以得到有 5 个单元格的区域,每个区域像每竖行每横行一样含有 5 个字母 A,B,C,D,E。

这个宗旨完美地展现在最左边的方格中。

试着遵照这个主题解答后面难度依次增加的三个问题。

题 1(易):每行、每一列以及每一块区域必有 A, B, C, D, E 中的任何一个。

一旦将 A 至 E 的字母置于了最顶行,答案就是惟一。分隔法是惟一的,对称法和完全旋转得到的答案符合要求。

题 2(稍难):

不要求找表格 3 的答案。此题无解。划分不是惟一的,因为不可能得到一个每个区域都含有 A,B,C,D,E 五个字母的五方格。

你能找到其他符合这个特点的划分吗?答案不多。

题 3(最难):

在前面两题基础上得到的拉丁方格不呈对角线对称,每个图形上的两条主要中心线上存在至少两个相同的字母。

提出的问题是:将五方格划成五个各含 5 个方块的不同区域,按照一空格一个字母的原则填充,使得 A,B,C,D,E:

——在每水平行上;

——在每竖行上;

——在两条中心线上;

——在每个划分出的区域里。

这五个空间当然必须是封闭的。

▶答案见第 175 页

题 100

加法 SDK

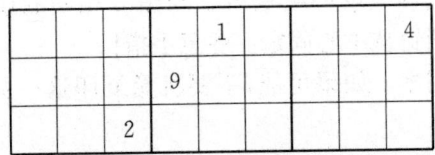

上方的表格很好地展现了传统九方格数独的最后三行。

按照一格一个数字的原则,在知道以下条件的情况下你能完成填充吗?

——每个水平行都有 1 至 9 这几个数字;

——每个 3×3 区域中都有 1 至 9 这几个数字;

——第三行的九个数字是前两行数字之和。

只有一个答案。

这道题远没有表象看起来简单,除非进行特别探索。详解见答案部分。

衍生问题:是否存在这样的九方格,其中第三、第六、第九行的数字分别是它们所对应上两行数字之和？

▶ 答案见 175 页

题 101

蓝, 白, 红

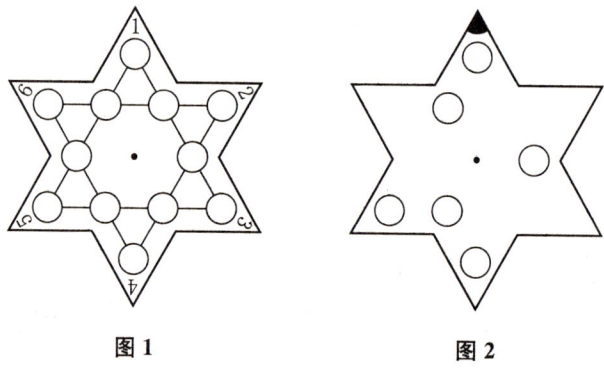

图 1　　　　**图 2**

从一张柔软但足够坚硬的纸板剪下与图 2 相同的遮挡纸片, 以及 6 个圆。而后只需要用图钉从中心固定。注意手指！

尤其不要剪裁书本。如果可能, 不要犹豫复印这一页, 如果这样能够简化作业的话。

问题是给图 1 中的八个圈上色, 四个蓝色, 四个红色, 以使图 2 置于之上时, 图 2 的六个圈始终出现在两个蓝圈、白圈与红圈之中, 标有 1 至 6 的六个分支必有一个盖于带有黑点的那一支下面。

你可以在图 1 的中间插入图钉加固以方便操作。图钉头置于两张纸之间, 尖端拧向上方。剩下的事就是将遮挡纸片的中心穿过图钉尖端, 以使其无任何困难地固定在这一点上。如果不这样, 你也可以在一张硬纸上制作同图 1 的星形。

成功版本

这个拼版游戏存在变形,拼出来的话稍微有点难。将遮挡纸板置于图 1 的星形之上,支端 1 覆盖于带有黑印的遮挡纸板之下,并给六个可见圆圈的其中两个上蓝色,另两个上红色,剩下的两个留白。

然后将遮挡纸板转动 60°以使带有黑点的支端置于星形的支端 2 之上,并给六个可见圆圈的其中两个上蓝色,另两个上红色,剩下的两个留白。如果有一个或多个已经上色,仍然完成上色以符合上面既定的规则。

重复此项操作,依次将带有黑点的支端置于星形的支端 3,4,5 及 6 之上。

如果每步按照上述条件操作,就可以分出这几部分:两个红色的圈,两个蓝色的,另外两个留白的。

一旦进行到支端 6,要通过再一次旋转来确保每一步符合既给的条件。

这项变形的风险在于,你已经猜到了,就是将前一步留白的圈着上蓝色或红色。

实物拼版版本

做一个出色的木制拼版也能获得成功。从一张约 10 毫米厚度的纸板取图 1 中的大星形,并参照星形中的圆圈在木板上挖 12 个深度约为 2 毫米的圆洞。纸板的中心放根竖茎,这样可以固定住图 2 的遮挡纸板。

接下来将较薄的图 2 放大型纸板加到木板上(可以使用奶酪盒的盖子),另外还要放 12 个筹码:4 个蓝的,4 个白的及 4 个红的,大小稍微比 12 个圆洞小些。

游戏目的在于在第一次转动星形时将蓝色的与红色的筹码放入圆洞中,在第二次转动中放白色筹码以露出两个蓝色筹码、两个红色筹码与两个白色筹码。标有 1 至 6 数字的支端中的任一个置于带有黑点的支端之下。

电子版本

这个拼版游戏可变为电子版。
敬告业余爱好者。

▶答案见 178 页

答 案

第一章

十一点夫人的准确计算

题 1
乘法

这道题不难。答案只有一个：$13 \times 6 = 78$

题 2
除法

这道题跟上道题一样简单。答案只有一个：$86 \div 43 = 2$

题 3
数字对调

这道题就是一开始有点复杂。我们很快就能想到在 79，3 和 82 之间存在一个加法的关系，而诀窍就在于将乘号 × 旋转 45°得到加号＋，然后将 2 和 7 的位置对调。

答案：$79 + 3 = 82$

题 4

运算方框

惟一一个能同时适用于加法和乘法的数字就是 2，我们将 2 放到右边最上面的那个格子里。上面那一行和右边的竖排可以填除了 1 之外的其他数字，因为 1 不管是用到乘法还是除法当中，都会导致两个格子填相同的数字。

上面那一行和右边的竖排可以填上 8 和 4 的组合或者 6 和 3 的组合。

我们将在 1，5，7，9 当中选三个填到剩下的三个格子里，这没有什么难的，因为我们很快就会发现 9 在这里既不能用于加法也不能用于减法。根据数学上的对称性，我们可以得到下面两个答案：

$$
\begin{array}{ccc}
8 \div 4 = 2 & \quad & 6 \div 3 = 2 \\
- \quad \times & & - \quad \times \\
7 \quad 3 & & 5 \quad 4 \\
= \quad = & & = \quad = \\
1 + 5 = 6 & & 1 + 7 = 8
\end{array}
$$

题 5

罗马算式

这个运算即不包括 0 也不包括 10。我们先看第三行数字，符号 X 前面有一个 I，这个就只能代表数字 9，从而我们可以将这两个数字和其他的数字分开来。

那么 9 前面的竖排，不可能产生进位数。第三行中 9 前面这个数字不可能是 1：因为如果前面这个数字是 1 的话，那么第三行的第一个数字就是 5，而第一行和第二行的数字不管怎么组合都不可能相加得到 11（Ⅵ＋Ⅴ，Ⅶ＋Ⅳ，Ⅷ＋Ⅲ）后，还能保证相加之后最高位是 5。

结论：第三行中，9 前面的数字是由字母 Ⅴ 和 Ⅰ 组成的数字 6，而 6 只能

由第一行的 Ⅳ(4)和第二行的 Ⅱ(2)相加得到。

于是结果可能是 69151,6941 或者 6916。

在经过几次快速的计算之后,我们得到的答案是惟一的:

```
   Ⅳ Ⅲ Ⅱ Ⅷ          4 3 2 8
 + Ⅱ Ⅵ Ⅰ Ⅲ        + 2 6 1 3
 = Ⅵ Ⅸ Ⅳ Ⅰ        = 6 9 4 1
```

题 6

百分之百

C 和 E 相加等于 100,所以这两个数和 100 的一半 50 就能形成一个对称的数学关系。假设 x 代表了这两个数和 50 之间的差,并且假设 C>E,我们可以得到下面的方程式:

$$C = 50 + x,\ E = 50 - x,\ C \times E = 2\,500 - x^2 \tag{1}$$

这个公式同样适用于 N 和 T,假设 y 代表了 N 和 T 与 50 之间的差,且 $y \neq x$,N>T,我们可以得到:

$$N = 50 + y,\ T = 50 - y,\ N \times T = 2\,500 - y^2 \tag{2}$$

将 C×E 和 N×T 这两个方程式代入题目给出的第二个方程式,我们可以得出:

$$y^2 - x^2 = 100 \text{ 或者我们更倾向于写成}:(y+x)(y-x) = 100 \tag{3}$$

我们很容易证明不管 x 和 y 等于几,(y+x)和(y-x)的奇偶性是一样的,所以在它们相乘得到的结果是偶数的情况下,这两个数肯定都是偶数。

而两个不同的偶数相乘等于 100 的数就只有 50 和 2,所以我们可以推断出:y+x=50,y-x=2,接下来就是很常见的问题了:知道两个数的和与差,求这两个数。我们很容易就得出 x=24,y=26,那么这道题的答案就是:

C=74,E=26,N=76,T=24,C 和 E 代表的数字可以互换,N 和 T 也一样。

题 7

六个数的俱乐部

$$\boxed{3}^3 + \boxed{4}^3 + \boxed{5}^3 = \boxed{2}\boxed{1}\boxed{6}$$

这个算式,除了符合题目的要求是 1 到 6 六个数组成之外,每个数字都只用了一次,并且还有一个显著的特点:216 是 6 的立方,也是 6 前面三个数字 3,4,5 的立方之和,同样,25 是 5 的平方,也是 5 前面 2 个数 3 和 4 的平方之和。

题 8

火柴棒算式

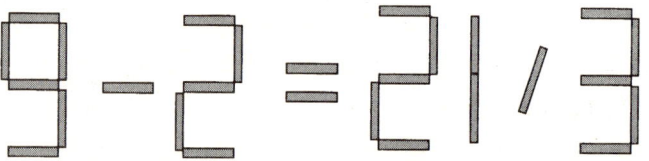

只需要在＋号和×号中各取一根火柴棒,然后将这两根火柴棒首尾相接组成 1,将 1 放到 2 的后面组成 21,然后我们就能得到下面的等式:$9 - 2 = 21/3 = 7$。

题 9

十个数的俱乐部

我们注意到 0 只能作为代表结果的这个两位数的后一位,根据这五个数的类比性,以及结果能被 4 整除这个特点,我们耐心一点,多尝试几次,两个答案就出来了:

$(1×3)+(2×9)+(4×6)+(5×7)=80$

$(1×6)+(2×4)+(3×7)+(5×9)=80$

题 10

预测 2 008

在第一行数字中:从1到9,这9个数都是由一个数字组成,从10到99,这90个数字都是由两个数字组成,那么从1到100,一共有9+180+3=192个数字。

从第193个数字到第2 007个数字,我们可以很清楚地算出一共有1 815个数字,是由605个三位数组成的,第2 007个数就是100+605=705这个数的最后一位,也就是第2 008个数字就是706的最高位上的数字(705 706)。

第二行数字中:第2 008个数字是第502个数的最后一个数字,前502个数都是由四位数组成(502×4=2 008)。

第502个数就是2 008-502+1(因为区间2 008包括在内)=1 507,而1就是这个数的最后一个数字(不要忘了第二行数字是倒过来写的),所以第二行的第2 008个数字就是6 051前面的那个数字(70 516 051)。

我们可以发现第一行和第二行的第2 009个数字(0和6)相加之后并不会产生进位,所以第2 008个数字相加就是7+1=8。

题 11

目标 1 000

我们先仔细观察这12个数,然后将每个数的数字之和算出来,根据这个结果我们可以把这些数分成以下三组:

第一组:(126, 144, 153, 162, 189, 207),这些数每个数的数字之和不是9就是18,所以这些数都能被9整除;

第二组:(118, 127, 136, 172, 217),这些数每个数的数字之和是10,它们被9除后余1。

第三组：只剩下 146，146 除以 9 余 2。

1 000 除以 9 余数为 1。如果要六个数的和除以 9 余数同样为 1 的话，那么惟一的可能就是从第一组中选出 5 个能被 9 整除的数，从第二组中选一个除以 9 余 1 的数。

第一组中的六个数，总和为 981。离 1 000 还差 19。我们要从第二组中选出的这个数，应该是一个比第一组中的某个数大 19 的一个数。

我们再一个个地仔细观察第二组中的每个数，会发现只有 172 符合这个条件，它比第一组中的 153 大 19。

所以答案就是：126，144，162，172，189 和 207。

题 12

合成法则

表格里最小的五个数加起来等于 7 902，所以，所求的五个数之和肯定是在第四行当中，以 8 开头的某个数。

所求的五个数当中最大的数肯定不是 2 781。如果 2 781 是这五个数中最大的，那么这五个数加起来最小等于：1 278＋1 287＋1 728＋1 782＋2 718 ＝ 8 793，这个结果比表格里最大的数都要大。

所求的五个数肯定是在表格的前 8 个数中找，也就是说有 56 种组合需要我们去验证，这也是很麻烦的验证！

我们画一个表格，在表格里写上这八个数和第四行的数除以 11 得到的余数，这是 11 验算法的基本步骤。

2	0	1	0	1	2
0	9				
9	10	0	10	0	9

大家都知道，如果把几个数分别除以 11 得到的余数加起来，余数之和等于这几个数相加之后除以 11 的余数加上 11k，k 是一个整数。

如果所求的五个数中不包括除以 11 余数为 9 的 2 187，我们很容易发现前两行的数字加起来不可能等于 9，10 或是 11（相当于 0），最后一行中的这三个数字。所以,2 187肯定是我们所求的五个数之一。

如果1 278不在所求的五个数当中,剩下的最小的四个数和2 187加起来等于8 811,比题中表格里最大的那个数都大。所以1 278也是其中一个。

所求的五个数中,我们已经确定了两个,2 187(余数=9)和1 278(余数=2),这两个余数之和为11,相当于0。在前两行当中要找到另外三个数,使得这五个数的余数之和等于最后一行的某个余数,这三个数的余数应该为0,也就是说:1 287,1 782和2 178是符合条件的三个数。

现在我们只需要确定一下这五个数的和是不是表格里的一个数。我们得到的答案是:1 278 + 1 287 + 1 782 + 2 178 + 2 187 = 8 712。

注意:还有另外一些由四个不同数字的组合具有这个特点。其中一个能帮助解决58页第68题,题名为:《顺序不同》。

另外,一些经常做题的人可能会发现这个特点,最后几个数相加得到的8 712是2 178(四个数字的顺序正好相反)的四倍,这个特点也会在上面提到的题中出现。

题13

数字显示算术

在数学上很有天分的人可以把解决问题的8种方法都找出来,以此作为消遣,使用模块的数量是不限的。这个题我们可以通过在Z/2的线性圆环中,解一个7个十元方程式来解决(一段用一个方程式,0到9这十个模块就构成了未知数,而这些未知数根据模块是否被涉及用1和0表示)。

题14

环形多米诺

根据上面一行和左边一行点数相同,我们可以得到:

$$2d = a + 2b + 2c \qquad (1) \text{ 所以 a 是偶数}$$

根据上面一行和右边一行点数相同,我们可以得到:

$$2g = 2a + 2b + c \qquad (2) \text{ 所以 c 是偶数}$$

另外,a 不可能等于 c;因为左边和右边的点数相同,所以 d 必须等于 g,于是,多米诺(a—d)等于多米诺(c—g)。

考虑到对称性,我们可以假设 a>c 来简化问题(c>a 情况下的答案我们可以根据对称性从 a>c 的答案中推断出来)。

根据下面一行和右边一行点数相同,我们可以得到:

$$g + 2e + 2f = c + g \qquad (3)$$

根据西面一行和左边一行点数相同,我们可以得到:

$$g + 2e + 2f = a + d \qquad (4)$$

把(3)和(4)相加,得到:

$$\mathbf{4(e+f) = a+c} \qquad (5)$$

这就差不多结束了。我们知道 a 和 c 都是偶数,(a+c)是 4 的倍数,并且 a>c。

所以:

(a−c) = (4−0) 且 e+f = 1, 所以 (e−f) = (1−0) 或者 (0−1)。

(a−c) = (6−2) 且 e+f = 2, 所以 (e−f) = (2−0),(1−1),或者(0−2)。

在这五个可能性当中,我们可以排除(e−f) = (1−0)和(0−2)的情况,因为在这两种情况下,f=c,并且 (f−g) = (c−g)。

剩下的三种情况能很快得到验证。因为根据对骰子 a 和 c,多米诺(e−f)的认识以及方程(1),(2),(3),(4),我们能很快得到下面左边的这个答案,并且根据对称性得到右边这个答案:

4	4	2	2	0	0
4					6
4	0	0	1	1	6

0	0	2	2	4	4
4					4
6	1	1	0	0	4

题 15

一个特别的数字方框

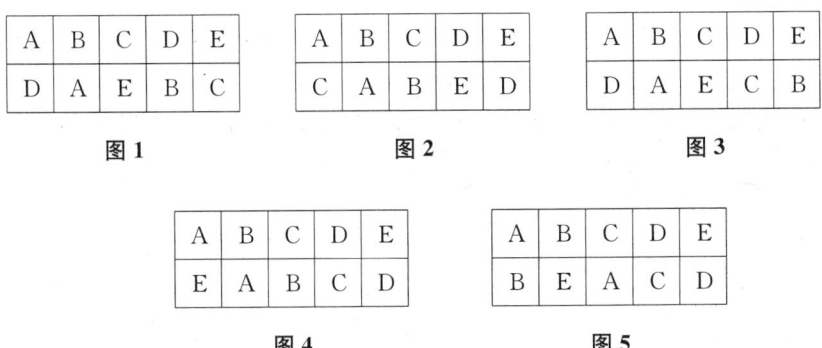

图 1　　　　　图 2　　　　　图 3

图 4　　　　　图 5

在满足同一列的字母不一样的条件下,将字母 A,B,C,D,E 放到方框里的第二行一共有 44① 种不同的方法。

其中 40 种方法,请参照图 1,很明显它们都不符合题目的要求。我们假设三个没有被挡住的数字之和为常量 K,我们可以列出以下方程式:B+A+E=C+E+B=K,通过这个等式我们可以得出 A=C,显然这与题目中所说的每个字母代表不同的数字相冲突。

其他 39 种情况都是类似的,没有必要把它们都写出来。

关于上面其他六幅图所表现的情况,要稍微复杂一些。

根据第二幅图呈现的情况,我们可以设五个未知数列出五个方程式,然后得到以下结果:A=72,B=14,C=−44,D=−15,E=130,其中有几个数是负数,这个答案是不符合题目要求的。

根据第三幅图,我们得到的答案是字母 A,B,C 代表了相同的数字,而且 D 和 E 也代表了相同的数字,这也不符合题目的要求。

---

① 有 n 个有序因素,重新组合排列后,每个因素的位置都与原来的位置不同,假设有 P(n) 种不同的组合排列的方式,我们可以通过下面这个公式计算:$P(n) = n! \sum_{0}^{n} \frac{(-1)^n}{n!}$,当 n=5 时,$P(5) = 120 \left(\frac{1}{1} - \frac{1}{1} + \frac{1}{2} - \frac{1}{6} + \frac{1}{24} - \frac{1}{120} \right) = 60 - 20 + 5 - 1 = 44$。

在实际运算中,P(n) 等于自然对数的基数 e=2.71828… 除 n!。在 e 小数点后面的位数足够多的时候,P(n) 就是最接近这个除法结果的整数;n 越大,就要求 e 更精确。

根据第四幅图，我们也可以设五个未知数写出五个方程，虽然最后结果，五个字母都代表了不同的数字，但很不幸的是，不是所有的数字都是整数，D = 357/11。

根据第五幅图，我们可以写出含有五个未知数的四个方程式：A＋B＋E＝100，A＋2C＝100，C＋2D＝100，A＋B＋C＋D＋E＝157，最后求出的结果是 A＝72，C＝14，D＝43，B＋E＝28。

即使我们不知道字母 B 和 E 分别代表什么数字，我们至少已经知道了 A＝72，第二行中字母的顺序是：B，E，A，C，D。

题 16

0 的位置

即使需要反复验算，解这道题一点也不难。

我们很快就能得到下面的两个答案，左边是使用四张标有 0 的卡片的答案，右边是使用六张标有 0 的卡片的答案。

```
1 7 1 8      1 7 0 8
3 8 2 7      3 8 2 7
1 4 3 0      1 4 3 5
2 0 3 4      2 0 3 0
―――――――      ―――――――
9 0 0 9      9 0 0 0
```

题 17

英语等式

$$\boxed{E|L|E|V|E|N} + \boxed{T|W|O}$$
$$=$$
$$\boxed{T|W|E|L|V|E} + \boxed{O|N|E}$$

题 18

自我生成式方程

QUATORZE 里包含的字母除了 O 和 Z，其他的字母都包含在 QUATRE。将方程 QUATORZE = 14 与 QUATRE = 4 相减，我们可以得到：

$$O + Z = 10 \tag{1}$$

将方程式 O+Z = 10 分别与方程式 ONZE = 11 和 DOUZE = 12 相减，我们可以得到：

$$E + Z = 1 \tag{2}$$

$$D + E + U = 2 \tag{3}$$

因为 U+N = 1，将其与(2)相减，得到：U = E，代入(3)中得到，

$$D = 2 - 2E \tag{4}$$

将方程式 SIX = 6 与 DIX = 10 相减，得到：S = D−4，然后将 D 根据(4)替换成 2−2E，得到：

$$S = -2 - 2E \tag{5}$$

将方程式 TROIS = 与 TREIZE = 13 相减，得到：2E+Z−O−S = 10，然后根据(5)将 S 替换掉，得到：

$$Z - O = 8 - 4E \tag{6}$$

一开始，我们就得出 **O + Z = 10** (1)。

将(1)和(6)相加然后除以 2 得到：Z = 9−2E，也可以写成：<u>Z+2E = 9</u>。

根据(3)，我们知道 D+E+U = 2，而且根据题中的假设 D+E+U+X = 2。将这两个方程式相减，得到：X = 0，而 S+I+X = 6，所以 <u>S+I = 6</u>。

S+E+I+Z+E 也可以写成 (S+I)+(Z+2E)，根据上面两个带有下划线的方程式，将 (S+I) 和 (Z+2E) 替换掉，我们可以得到：

$$S + E + I + Z + E = [6] + [9] = 15$$

第二章

六条腿的猫和其他让人站着都能睡着的题

题 19

平均分配吗

首先,我们假设父亲积攒的金锭数为 n。

第一个儿子拿走 $\left(\frac{n}{5}+\frac{1}{5}\right)$ 个金锭后,还剩下 $\left(\frac{4n}{5}-\frac{1}{5}\right)$ 个金锭。

第二个儿子得到了剩下的四分之一加上四分之一个金锭,也就是:$\left(\frac{n}{5}-\frac{1}{20}+\frac{1}{4}\right)=\left(\frac{n}{5}+\frac{1}{5}\right)$,和他的哥哥得到的数量是一样的,之后还剩下 $\left(\frac{3n}{5}-\frac{2}{5}\right)$ 个金锭有待分配。

根据这个方法继续算下去,我们发现其中四个儿子得到的金锭数量都是一样的,都是 $\left(\frac{n}{5}+\frac{1}{5}\right)$ 个,而最小的儿子得到的是 $\left(\frac{n}{5}-\frac{4}{5}\right)$,也就是说他比其他人少了一个金锭。小儿子得到的是 7 个,所以我们很容易解这个方程式:$\left(\frac{n}{5}-\frac{4}{5}\right)=7$,结果是 n = 39。

这个父亲一共积攒了 39 个金锭。前四个儿子都得到了 8 个,最小的儿子得到了 7 个。

题 20

我的梨

假设 A，B，C，D 分别代表对应的篮子里放的梨的数量，首先，我们可以列出第一个式子：

$$A + B = 2C \tag{1}$$

第二个式子：

$$B + C = 2D \tag{2}$$

因为我们知道梨的总数，所以：

$$A + B + C + D = 53 \tag{3}$$

根据(2)和(3)，我们可以得到：$A + 3D = 53$，所以：$A = 53 - 3D$；

根据(1)和(3)，我们可以得到：$3C + D = 53$，所以：$C = \dfrac{53 - D}{3}$；

在(2)中，将 C 用 D 替换，我们得到：$B = \dfrac{7D - 53}{3}$。

因为 A 是正数，所以 D 不会大于 17。因为 B 是正数，所以，D 不会小于 8。

另外，7D−53 是 3 的倍数，所以 D＝8＋3n，而根据上述条件，D 有可能等于：8，11，14，17。

D＝17 → A＝2，B＝22；D＝14 → A＝11，B＝15（这两种情况都不符合题目要求，A 应该大于 B）。

D＝8 → B＝1，然而根据题中描述，B 篮里不止一个梨。

只剩下最后一种情况了，D＝11，这能得到符合题目要求的答案：

A 篮里有 20 个梨，B 篮里有 8 个，C 篮里有 14 个，D 篮里有 11 个。

题 21

我的苹果

假设按照顺时针的顺序四个篮子分别为 A，B，C，D，每个篮子里的苹果个数为 a，b，c，d。

每一次重新分配之后：
——每个篮子里的苹果都是原来的两倍；
——从前一个篮子里拿出的苹果使得后一个篮子里的苹果个数翻倍。
——其他两个篮子里的苹果数量是不变的。
根据这个原则，我们很容易列一个表格来表示每一次重新分配之后 a，b，c，d 之间的关系。

	A	B	C	D
一开始的个数	a	b	c	d
第一次分配以后	$a-b$	$2b$	c	d
第二次分配以后	$a-b$	$2b-c$	$2c$	d
第三次分配以后	$a-b$	$2b-c$	$2c-d$	$2d$
第四次分配以后	$2a-2b$	$2b-c$	$2c-d$	$2d-a+b$

第四次分配以后，四个篮子里的苹果数量是一样的，所以：
$2a-2b = 2b-c = 2c-d = 2d-a+b$，三个方程式里有 4 个未知数。
如果我们用其中一个未知数来替换其他的，那么 b，c，d 可以用下面的式子来代替：

$$b = \frac{15a}{23}, \quad c = \frac{14a}{23}, \quad d = \frac{12a}{23}$$

显然，a 肯定是 23 的倍数，根据题中所述，最后每个篮子里的苹果不超过 30 个。

惟一的可能就是 $a=23$（如果 $a=46$ 的话，最后每个篮子里的苹果将有 32 个），所以四个篮子里一开始装有的苹果个数分别为：23，15，14，12。

题 22

我家的门牌号

为了解这道题，应该考虑到一个省钱的问题，这是很值得赞赏的一个考虑，买一个"9"的数字牌要花 9 欧元，而我们可以用只花 6 欧元的"6"的数字牌来代替（这是阿拉伯数字一出现就表现出来的一个特点，6 和 9 的笔法是一模一样的只不过是倒过来了而已……）。

很快就可以得出答案：我家的门牌号为 89（8＋6＝14 欧），左边房子的门牌号为 87（8＋7＝15 欧），右边的门牌号为 91（9＋1＝10 欧）。

为了解决这道《游戏与战略》竞赛中的难题，有些比较奸诈的人想到了买数字牌"9"来代替"6"。这种毫无道理的乱花钱的想法导致这道题有了第二个答案，这在数学上是成立的，我家的门牌号是 108（1＋10＋8＝19 欧），左边的门牌号是 106（1＋10＋9＝20 欧），右边的是 110（1＋1＋10＝102 欧）。当然，这个答案也是可以接受的，因为这种情况也不是完全不可能发生。

题 23

谁买了棒棒糖

所有糖果的花费加起来，如果以"分"为单位的话，金额总数最后两位应该是 60。

所以我们可以列出下面这个方程式：$2x+8y+5z+4t$ 是以 60 结尾的，未知数 x，y，z，t 代表了 30，40，50 和 60，但是具体哪个未知数对应的是哪个价位，还不能确定，简化之后我们得到：

$2x'+8y'+5z'+4t'$ 应该是以 6 结尾，未知数 x'，y'，z'，t' 代表的是 3，4，5，6。

根据偶数的特点，我们马上就能知道 $z'=4$ 或是 6。$5z'$ 是以 0 结尾，所以：上面的方程式可以简化为：

$2x'+8y'+4t'$ 是以 6 结尾或者是更大的数，那么：

$x'+4y'+2t'$ 就是以 3 或是 8 结尾   (1)

在这个基础上，我们可以继续研究这个方程。因为可能符合这个方程的答案是有限的，我们很快就能排除其中的 12 组（x'，y'）。对每一个（x'，y'）的组合来说，根据(1)我们注意到 x'，y'，t' 加起来可能是以 4 结尾也可能是以 6 结尾。

验算之后得到一个惟一的答案：$x'=6$，$y'=3$，$t'=5$，$z'=4$。

所以，安德烈买了 0.60 欧的果仁夹心糖，贝尔纳买了 0.30 欧的焦糖，克洛德买了 0.40 欧的甘草糖，而丹尼尔买的是 0.50 欧的棒棒糖。

题 24

代理人和他的顾客们

我们观察到从一开始到第八周,前五张卡片的顺序如下图所示,后五张卡片的位置根本就没有变化:

	卡 片 的 顺 序				
第 1 周	1	2	3	4	5
第 2 周	2	1	3	4	5
第 3 周	1	3	2	4	5
第 4 周	3	1	2	4	5
第 5 周	1	2	4	3	5
第 6 周	2	1	4	3	5
第 7 周	1	4	2	3	5
第 8 周	4	1	2	3	5

你发现了吗?卡片 2 第一次出现在开头的位置是在第二周($2 = 2^1$),卡片 3 第一次出现在开头的位置是在第四周,($4 = 2^2$),卡片 4 第一次出现在开头的位置是在第 8 周($8 = 2^3$)。

如果我们把这个表格继续做下去,会发现卡片 5 第一次出现在开头的位置是在第 16 周($16 = 2^4$)。

我们很容易就得出,卡片 n 第一次出现在开头的位置的周数与 2 的乘方有关,卡片 n 第一次出现在开头是在第 2^{n-1} 周。

根据这个规律,卡片 9 第一次出现在开头是在第 256 周($256 = 2^8$),也就是说第 9 位顾客大概要等五年,而且是在这个代理人不休假的情况下。

题 25

自行车团队计时赛

因为同一团队的队员号码是相连的,所以我们可以写成:A1,A2,A3,

B0，B = A+1。

这四个队员的号码之和最大为：40A + 10 + 9 + 8 + 7 = 40A + 34。

四个号码之和最小为：40A + 1 + 2 + 3 + 4 = 40A + 10

假设四个号码之和分别除以三个号码之后得到的数分别是 a, b, c, 并且 c > b > a。

没有任何一个除数是另外一个的两倍，所以 c/a < 2。

c 的最大值为：$\frac{40A+34}{10A+1} = 4 + \frac{30}{10A+1}$

a 的最小值为：$\frac{40A+10}{10A+10} = 4 - \frac{30}{10A+10}$

当 A ≥ 2 时，c 的最大值为 5，a 的最小值为 3。但是当 A ≥ 2 时，c/a 的最大值应该为 30/21 = 1.428。这样一来，a = 3，c = 5 就不能成立，因为 c/a = 1.66…

结论就是：A = 1，四个号码之和在 50 到 74 之间。

于是，c 的最大值为 6，a 的最小值为 3。但是 a = 3 和 c = 6 不可能同时成立，因为这样的话 c/a = 2。

那么 (a, b, c) 只有可能是 (3, 4, 5) 和 (4, 5, 6)。

不管是哪一种情况，它们的共同倍数都是一样的，都是 60。如果这四个数是在 (11, 20) 这个区间之内，那么这四个数的和极可能就是 60，而 60 正是在 50 和 74 之间。

保罗三位队友的号码都能整除 60，结果分别是 3, 4, 5，那么这三个数分别是 20, 15 和 12，而保罗的号码就等于：

$$60 - 20 - 15 - 12 = 13$$

题 26

从圣玛丽到圣约瑟夫

这道题的难点在于我们并不知道这两个自行车运动员是在哪段路上（平地还是斜坡）相遇的。

我们假设平地的距离为 x，斜坡的距离为 y。

这两个自行车运动员骑车的速度是一样的，所以他们应该是用相同的时

间完成全程。那么从第二次相遇到最后回到出发点,两个人用的时间应该是一样的。有四种可能:

第一种:第一次相遇是在平地上。两个人从出发到相遇用的时间是一样的,所以我们可以列出方程式:

$$\frac{4.9}{30} = \frac{y}{48} + \frac{x-4.9}{30} \qquad (1)$$

第二种:第一次相遇在斜坡上。同样根据时间相同,可以列出方程式:

$$\frac{x}{30} + \frac{4.9-x}{16} = \frac{x+y-4.9}{48} \qquad (2)$$

第三种:第二次相遇在平地上。根据两个自行车运动员在从相遇地点到最后抵达出发地的时间相同,可以列出方程式:

$$\frac{9.9}{30} = \frac{x-9.9}{30} + \frac{y}{16} \qquad (3)$$

第四种:第二次相遇在斜坡上。根据时间相同,可以列出方程式:

$$\frac{x}{30} + \frac{9.9-x}{48} = \frac{x+y-9.9}{16} \qquad (4)$$

根据两次相遇在不同的路段一共有三种组合。

第一种:两次相遇都发生在平地。于是我们解方程组(1)和(3)。得到 x = 4.8 km, y = 8 km(这个答案被排除,因为第一次相遇是在 4.9 km 的地方,属于斜坡地段,跟我们的假设有冲突)。

第二种:第一次相遇在平地上,第二次相遇在斜坡上。于是我们解方程组(1)和(4),得到 x = 3.1 km, y = 10.72 km(这个答案也要被排除,第一次相遇在 4.9 km 处,属于斜坡地段,与假设矛盾)。

第三种:两次相遇都在斜坡上。于是解方程组(2)和(4),结果 x = 4 km, y = 10 km,这个答案是符合题目要求的,所以两个地方之间的距离为 x + y = 14 km。

第一次相遇在离圣玛丽 4.9 km 的斜坡,而第二次相遇在距离圣玛丽 9.9 km 的平地显然是不可能的。

第二章　六条腿的猫和其他让人站着都能睡着的题

题 27

朱利安叔叔的手表

想解开这道题我们需要反向思维。

1989 年 5 月 1 号的前一天,也就是 1989 年的 4 月 30 号,朱利安的表显示的应该是 31。

将这个手表日历向前转 12 整圈(31 天一圈),我们向前推了 $31 \times 12 = 372$ 天,也就是 1 年(平年)+7 天,或者 1 年(闰年)+6 天。

我们从后往前推:

1989 年 4 月 30 号,显示 31;

1988 年 4 月 23 号,显示 31;

1987 年 4 月 17 号,显示 31;

$17 - 2 \times 7 = 3$,1985 年 4 月 3 号,显示 31;

1985 年 3 月 3 号,显示 31(三月有 31 天);

1985 年 3 月 1 号,显示 29;

1985 年 2 月 28 号,显示 28(日期和手表日历显示的日期是符合的)。

朱利安叔叔是在 1985 年 2 月 28 号退休的。要等四年零两个月之后,他的表才会显示正确的日期。

题 28

菲利贝尔表哥的手表

在没有闰月的年份,手表日历显示的日期比正确的日期之间迟 7 天,而在闰年则迟 6 天(请参照第 27 题)。

往前推并不难:

2007 年 7 月 1 号,显示 31;

2008 年 7 月 1 号,显示 25;

2011 年 7 月 1 号,显示 $(25 - 3 \times 7) = 4$;

2011 年 10 月 1 号,显示 3;

2011年12月1号,显示2;
2012年1月28号,显示29;
2012年3月1号,显示31,这又是一轮的开始;
2016年3月1号,显示$(31-3\times7-6)=4$;
2016年5月1号,显示3;
2016年7月1号,显示2;

最后,2016年10月1号,菲利贝尔的手表日历显示的是1,也就是在9年零3个月之后,他的手表日历显示了正确的日期。

题29

生日和结婚纪念日

从几个简单的例子入手,我们很容易证实题中所说的情况,除了特殊情况之外,每11年发生一次,这在数学上很容易证明。

例如,如果诺埃尔和莱昂今年分别是24岁和42岁,他们在11年后分别是35岁和53岁。11年前,他们分别是13岁和31岁。

上一次发生这种情况应该是1995年7月1号,这一天也是莱昂和诺埃尔的姐姐结婚的日子。相反地,没有任何指示能让我们知道这两个人的具体年纪。

题30

伦敦故事

我们假设这个故事发生的时候哈里的年龄为AB,A大于等于1,那么彼得的年龄则为BA,因为彼得比哈里大,所以$B>A$,$B\geqslant 2$。

彼得的年龄BA,是19世纪到20世纪中的某一年份数字之和,所以BA最大为:$1+9+9+9=28$,所以B的最大值为2。

根据上面的推断,我们得出$B=2$,$A=1$。

当时,彼得21岁而哈里12岁,12是彼得出生年份的数字之和,而彼得出

生的年份要么以 18 要么以 19 开头,可能是下面七个年份中的一个:

1803,1812,1821,1830,1902,1911,1920

我们可以排除前四个年份,因为它们离 20 世纪太远了,彼得的出生年份(1902,1911 或者 1920)还要满足一个条件:就是加上 9 以后就是哈里的出生年份,因为哈里比彼得小 9 岁,而且得到的年份四个数字加起来应该等于彼得的年龄 21。

这个条件只有 1920 符合,所以彼得出生于 1920 年,哈里出生于 1929 年(四个数字加起来正好等于 21),这个对话发生在 1941 年。

题 31

公爵城堡的院子

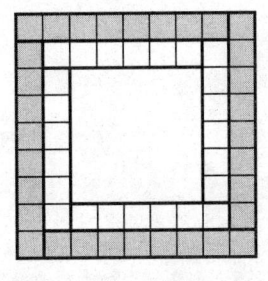

希望你不要通过外围每边的石板数 n 来找出黑色石板和白色石板的数量,从而解决这道题。

这个问题可以通过几个简单的数学运算来解决。

因为黑色石板的数量大于白色石板的数量,所以离中心最远的带状正方形肯定是由黑色石板组成的。

我们假设最外围每边有 n 个黑色石板,那么四个成直角的石板带每一个都由 (n-1) 个石板构成,如上图所示,也就是说最外围的石板带一共有 (4n-4) 个黑色石板。

用同样的方法,我们可以得出构成与之相邻的白色石板带的石板数量,这个石板带是由四个成直角的石板带组成,每个石板带的白色石板数量为 (n-3),所以一共有 (4n-12) 个白色石板,也就是比包围它的黑色石板带少 8 个,这个结果跟 n 等于几并没有关系。

两个相邻的石板带相比,黑色的石板带总是比它包围的白色石板带多 8 个石板。另外,这个数字是四列石板带的石板数量之差(每个石板带有两列)。

因为黑色石板的数量比白色石板的数量一共多了 169 个,减去中心的那一块，就是多了 168 个，那么我们可以得出石板带的对数为：168/8 = 21。

每一对相连的石板带由四列组成，所以一共有 $21 \times 4 = 84$ 列，再加上中心那个石板，那么这个院子每一边由 85 个石板构成。

一个石板的边长为 80 cm，院子的边长就等于 $0.80 \text{ m} \times 85 = 68 \text{ m}$。

题 32

铜管乐图画

需要上色的六个部分一共有 12 平方米，这意味着需要三罐颜料。

我们用 R，B，J，V，M，O 分别代表涂成红色、蓝色、黄色、绿色、淡紫色和橙色的区域。

用于 4 平方米的黄色颜料将会分别用在 J，O，V，于是得到：

$$J + \frac{3}{4}O + \frac{2}{3}V = 4 \tag{1}$$

4 平方米的蓝色颜料是这样分配的：

$$B + \frac{1}{3}V + \frac{1}{2}M = 4 \tag{2}$$

4 平方米的红色颜料是这样分配的：

$$R + \frac{1}{4}O + \frac{1}{2}M = 4 \tag{3}$$

这六个数可能等于 0.9，1.6，1.8，1.9，2 和 3.8。

R 不可能等于 3.8，因为如果将其代入(3)中，另外两个未知数我们选最小值(0.9 和 1.6)：$3.8 + 1.6/4 + 0.9/2 > 4$。

同样，(2)中的 B，(1)中的 J，O 和 V 都不可能等于 3.8。

所以 M = 3.8，根据(2)我们可以得到：$B + \frac{1}{3}V = 2.1 \tag{4}$

在剩下的五个未知数中，B 和 V 的可能值为 B = 1.8，V = 0.9。其他的数值分配就比较容易推断出来了，请参照下表所示，这张表同时告诉我们长裤是被涂成了红色，乐器被涂成了黄色。

	红	橙	淡紫	蓝	绿	黄	总数
红	1.6	0.5	1.9				4
蓝			1.9	1.8	0.3		4
黄		1.5			0.6	1.9	4
总数	1.6	2	3.8	1.8	0.9	1.9	12
	长裤	房屋建筑	背景	外套	手和脸	乐器	

为了得到混合而成的颜料,画家应该从红色开始涂起(1.6平方米),然后是黄色(1.9平方米),再然后是蓝色(1.8平方米)。之后还剩下够涂2.4平方米的红色颜料,其中0.5平方米的颜料将会放到空罐里,以便得到橙色,在这之后:红色罐子里还剩下用于1.9平方米的红色颜料,原来的空罐子里有0.5平方米的红色颜料。

在剩下的2.1平方米的黄色颜料中,他拿出其中的1.5平方米和0.5平方米的红色颜料混合,这样就得到了2平方米的橙色,用来给房子建筑部分上色。这样,黄色罐子里还剩下0.6平方米的黄色颜料。

在剩下的2.2平方米的蓝色颜料中,他拿出其中的1.9平方米放到红色罐子里,跟红色罐子里的1.9平方米的红色颜料混合成淡紫色,然后,再将剩下的0.3平方米的蓝色颜料放到黄色罐子里,跟黄色罐子里的0.6平方米的黄色颜料混合成绿色。

第三章

神秘的乘法

题 33

最少的条件

两个数相乘之后,第一行有 4 个数字,第二行有 3 个数字。下方这个乘数中另一个数字肯定比 8 大,只能是 9。

最后的结果有四位数,下方的乘数是 89,所以被乘数最大为 $\frac{9\,999}{89}=112.34$。

下方乘数的个位数是 9,与上方的被乘数相乘的结果是 4 位数,所以,上方的被乘数最小为:$\frac{1\,000}{9}=111.11$。

在 111.11 和 112.34 中,只有一个整数 112 可能是被乘数,所以答案是惟一的:

$$
\begin{array}{r}
1\,1\,2 \\
\times8\,9 \\
\hline
1\,0\,0\,8 \\
8\,9\,6 \\
\hline
=9\,9\,6\,8
\end{array}
$$

题 34

两个条件

很显然,这个乘法的结果是以 17 开头。

我们假设上方的被乘数为 M,下方的乘数第一个数字是 A,那么下方的乘数应该小于 10(A+1)。

我们可以列出下面的算式:

$$M \times 10(A+1) > 17\,000,也就是说 M > \frac{1\,700}{A+1} \quad (1)$$

M 和 A 相乘后得到的结果是三位数,所以:

$$M \times A < 1\,000,或者写成 M < \frac{1\,000}{A} \quad (2)$$

根据(1)和(2),我们可以得出 $\frac{10}{A} > \frac{17}{A+1}$,可以简化为 7A<10,所以 A=1。

因为 M 小于 1 000,而结果大于等于 17 000,我们可以推断出下面这个被乘数肯定大于 17。而被乘数也不可能是 18;因为如果是 18 的话,那么这个乘法结果的数字之和应该是 9 的倍数,但是根据题中所述,结果的数字之和是 28。

所以下方的乘数是 19,而上方的被乘数则在这个范围之内:大于 $\frac{17\,000}{19}$ = 895,小于 $\frac{18\,000}{19}$ = 974。

结果的数字之和为 28,除以 9 余 1。而下方的乘数是 19 除以 9 也是余 1,所以,M 除以 9 应该也是余 1,所以 M 的各个数字之和应该等于 10 或者是 19,而我们已经把 M 的范围缩小到 895 和 947 之间。符合这两个条件的数字有:901,910,919,937 和 946。

只有 946 和 19 相乘之后,结果的数字之和为 28。所以答案就是:

```
        9 4 6
    ×     1 9
    ─────────
        8 5 1 4
      9 4 6
    ─────────
    = 1 7 9 7 4
```

题 35

大空缺

最有效的方法就是将结果分解为两个因数 9 721 和 127。没有其他的因数了。

答案是：$9\,721 \times 127$。

题 36

8 个数的俱乐部

将两个方程式加起来,我们可以得到：

$$ABCD \times 5 = EFGH + HGFE \quad (1) = 1\,001(E+H) + 110(G+F) \quad (2)$$

等号左边得到的结果是 5 的倍数,结果应该是以 5 或是 0 结尾,那么等号右边的结果应该也是以 5 或是 0 结尾。

那么(E；H)可能是以下情况中的一组：(2；8), (4；6), (7；8)。

根据题中所述, $HGFE = 1.5 \times EFGH$, 要符合这个条件, (E；H)只能等于(4；6), 这样我们可以继续推出, $A = 2$, $D = 8$。

1 001 和 110 都是 11 的倍数。根据(2), 我们能判断出 ABCD 也是 11 的倍数。根据这个特点, 我们可以得出：$D+B-C-A$ 的结果是 11 的倍数, 也就是：$C-B=6$ 或者 $B-C=5$。

现在,我们再根据题中给出的两个方程式列出下列方程式：

$ABCD = HGFE - EFGH$, 我们也可以写成：$ABCD = 999(H-E) + 90(G-F)$
$\hfill (3)$

根据(3),我们可以知道 ABCD 是 9 的倍数, 那么 A, B, C, D 四个数字之和应该也是 9 的倍数。因为 $A=2$, $D=8$, 所以：$B+C=8$；$B+C=17$ 的情况可以排除掉, 因为如果 $B+C=17$ 的话, 意味着其中一个数等于 8, 而我们已经求出 $D=8$。

因为 $B+C=8$, $C-B=6$, 所以 $C=7$, $B=1$, 最后的答案就是：

$$ABCD = 2\,178, \quad EFGH = 4\,356, \quad HGFE = 6\,534$$

如果你有兴趣的话,可以把 ABCD 乘以 4,你会发现结果是这四个数字的顺序颠倒过来得到的数:$2178 \times 4 = 8172$。这四个数字曾经在第 9 页问题 12《合成法则》中出现过,解这道题的过程中也运用了这四个数字的特点。

题 37

五个 7

$$
\begin{array}{r}
a\,b\,c \\
\times \quad c\,d \\
\hline
e\,c\,f\,g \\
c-1\,c\,h\,i \\
\hline
=\,c\,j\,k\,l\,g
\end{array}
$$

根据给出的乘式,可以看出被乘数分别与乘数的个位和十位相乘的结果相加得到的最高位包括了进位数,而进位数最大为 1,所以,被乘数与乘数的十位相乘得到的最高位可以写成 $c-1$。

c 应该是 2 到 9 之间的某个数字,我们看到被乘数与乘数的十位相乘得到的最高位和后一位分别是 $c-1$ 和 c,乘数的最高位也是 c,它们相除之后能得到被乘数的最高位,以及得出被乘数的第二位的可能值。

对被乘数和乘数的第一位我们有了一点头绪,接下来要做的事情就是通过排除法来求出 d 的值,这对求出 c 有很大的帮助,因为 d 与被乘数相乘得到的结果第二位数是 c。

所以,当 $c = 8$ 的时候,被乘数和乘数的十位相乘得到的结果就是以 78 开头。用 8 除 78,我们能推断出被乘数的最高位是 9,后一位是 $7(978 \times 8 = 7\,824)$。d 不可能等于 8,并且 d 和 978 相乘以后得到的结果第二位是 8,为了满足这个条件,d 可能等于 5,6,7,9。当 $d = 6$ 或 9 的时候,被乘数和 d 相乘得到的结果中有两个 8。当 $d = 7$ 的时候,最后的结果里有两个 8。只有当 $d = 5$ 的时候,才能满足题目要求。

$$
\begin{array}{r}
9\,7\,\mathbf{8} \\
\times \quad \mathbf{8}\,5 \\
\hline
4\,\mathbf{8}\,9\,0 \\
7\,\mathbf{8}\,2\,4 \\
\hline
=\,\mathbf{8}\,3\,1\,3\,0
\end{array}
$$

用同样的方法，我们假设 c 等于其他的数，最后我们会发现 c 等于其他数时，都不能满足题目的要求。比如，当 c = 5 或是 6 的时候，会出现 i = c ⋯

题 38

改变数字位置构成的乘式

变化题中已给出的等式中的数字位置得到另外一个乘法等式，答案只有一个：

$$6\ 7\ 8 \times 4\ 2 = 2\ 8\ 4\ 7\ 6$$

很快就能得出这个答案。只要利用被 9 整除的数的特点，我们就能很快推断出被乘数是 3 的倍数。

这个改变数字位置构成的乘式并不是惟一一个具备这样的特点的等式。还有一些其他的例子，比如：

$$834 \times 57 = 47\ 538 \text{——} 435 \times 87 = 37\ 845$$
$$251 \times 86 = 21\ 586 \text{——} 281 \times 65 = 18\ 265$$

还有其他的等式也具备这样的特点。请你把它们找出来吧。为了让你少走弯路，我们可以告诉你这五个数字的和只能是以下结果：13，18，22，27 和 31。作者在他的第一本书《绞尽脑汁的乐趣》(《Pour le plaisir de se casser la tete》)中的第 65 题里，给出了这个结论的证明过程。

题 39

叠放的方块

因为被乘数和乘数的个位和十位相乘的结果分别都是某个正整数的平方，被乘数也是，所以乘数中的每个数字都可以写成某个正整数的平方，这个乘数本身也是某个正整数的平方。惟一符合这条件的两位数就是 49。

被乘数和乘数的十位相乘的结果只有三位数,所以,被乘数不会大于 $999/4 = 249$。

这个三位数要小于 249,又要满足是某个正整数的平方这个条件,那么这个数有可能是 169 或者 196。

如果我们把 169 和 9 相乘,得到的结果是 1 521,里面包括了两个 1,这跟题目的要求不符。

所以只剩下 196,答案就是 196×49,算式如下:

```
      1 9 6
    ×   4 9
    ———————
      1 7 6 4
    7 8 4
    ———————
  = 9 6 0 4
```

题 40

和是不变的

```
        *  *  *      x
      ×    *  *      y
      —————————
        *  *  *  *
      *  *  *  0  } xy
      —————————
    = *  *  *  *    xy
```

我们在被乘数和乘数的十位相乘得到的数后面补一个 0,这并不影响这个数的大小,也不影响这个数的各个数字之和。

假设被乘数为 x,乘数为 y,那么 xy 就表示被乘数和乘数的个位和十位分别相乘得到的结果之和。

这个乘式中五个数之和可以写成:

$$S = x + y + 2xy \qquad (1)$$

假设 s 是每个竖排的数字之和。如果我们按照传统的方法来求这五个数之和,也就是说把个位与个位相加,十位与十位相加,然后把每一竖排相加得到的结果合在一起,于是我们可以将这五个数之和写成:

$$1111s \qquad (2)$$

根据(1)和(2),我们可以列出下面的方程式:

$x+y+2xy=1111s$,可以简化成:$x = \dfrac{2222s+1}{2(2y+1)} - \dfrac{1}{2}$

我们将 s 可能等于的数代入算式,$s \leqslant 18$,而且 s 不可能等于 1,2,3,5,7,9,我们可以限定出 $(2222s+1)$ 的除数 $(2y+1)$ 的值。

这个问题有两个答案能满足题目的要求,第一种情况是:$s=10$,$y=13$,$x=411$,这正好是题目所给出的乘式。第二种情况是:$s=18$,$y=23$,$x=425$,这就是我们要求的乘法等式。你可以核查一下,每个竖排的数字之和都是 18。

```
        4 2 5
    ×   2 3
    -------
      1 2 7 5
      8 5 0
    =========
    = 9 7 7 5
```

题 41

多米诺骨牌乘法

我们先看最右边这一纵向的多米诺,因为 $(a \times b)$ 得到的结果以 a 结尾,所以我们可以列出 (a, b) 以及 (c, a) 的可能值:

$a=2$,$b=1$,$c=2$;$(a, b)=(2, 1)$,$(c, a)=(2, 2)$

$a=2$,$b=6$,$c=3$;$(a, b)=(2, 6)$,$(c, a)=(3, 2)$

$a=3$,$b=1$,$c=3$;$(a, b)=(3, 1)$,$(c, a)=(3, 3)$

$a=4$,$b=1$,$c=4$;$(a, b)=(4, 1)$,$(c, a)=(4, 4)$

$a=4$,$b=6$,$c=6$;$(a, b)=(4, 6)$,$(c, a)=(6, 4)$ 这种情况可以排除,因为 $(a, b)=(c, a)$。

$a=5$,$b=1$,$c=5$;$(a, b)=(5, 1)$,$(c, a)=(5, 5)$

$a=5$,$b=3$,$c=6$;$(a, b)=(5, 3)$,$(c, a)=(6, 5)$

$a=5$,$b=5$,$c=7$ 这种情况可以排除,因为一个骰子的点数不可能是 7。

$a=6, b=1, c=6; (a, b)=(6, 1), (c, a)=(6, 6)$

$a=6, b=6, c=9$ 这种情况可以排除,因为一个骰子的点数不可能是 9。

除去上面排除的三种情况,还剩下七种情况有待验证。针对每一种情况,我们可以根据第六竖排中(从左到右)c 的值,推算出第一排中 d 的可能值,也可能在这一种情况下,求出的 d 的值是不符合要求的。

求出 d 的值后,我们可以推断出第五竖排和第四竖排中 e 的值,从而推断出第一行中 f 的值,继而推断出第三竖排和第二竖排中 g 的值,等等。

渐渐地,当我们排除掉不符合题目要求的情况后,我们会发现惟一的答案如下图所示,来自第 6 种情况:$5\,333\,311 \times 5 = 26\,666\,555$

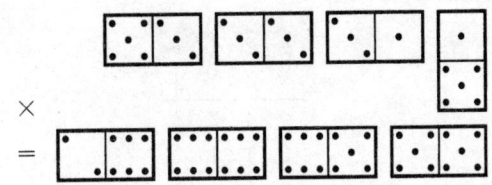

题 42

骰子乘式

$$\begin{array}{r} a\,b\,c \\ \times\quad d\,e \\ \hline f\,g\,h \\ i\,j\,k \\ \hline =\,l\,m\,n\,h \end{array}$$

一个传统的骰子,相对的两个面的点数相加以后等于 7;f 不可能是 6,最大为 5;a 和 e 不可能等于 1,又因为 f 小于等于 5,所以 a 和 e 只可能等于 2。

c 不可能等于 4 的对面 3;e 是偶数,所以 h 也是偶数;h 不可能等于 4,也不可能等于 6(如果 h=6 的话,c 等于 3 或是 8,这两个值都是不可能的);所以,h 只能等于 2,于是,c 等于 1 或是 6。

a 等于 2,d 小于 5(如果 d 大于等于 5 的话,被乘数和乘数的十位相乘得到的结果就有 4 位数),d 也不可能等于 3 和 4(4 和 3 是相对的两个面),那么

d可能等于1或是2。如果d等于2，c等于1或是6，那么k=2，题目中给出的乘式中k就等于，所以这个值是不符合要求的。

所以，d只能等于1，ijk = 2j1 或者 2j6。

题目中，3点的两个骰子点数的方向一样的，其中有一个向后转四分之一圈之后得到d = 1，另外一个j等于或者等于6；abc = ijk，可能等于211，261，216 或者 266。

因为g不可能等于3，所以abc不可能等于216和266。

如果abc = 261，最后的积等于3 132，而3是4的对立面，所以结果中不可能有数字3。

结论：abc = 211，de = 12，答案如下：

```
      2 1 1
  ×     1 2
  ─────────
      4 2 2
    2 1 1
  ─────────
  = 2 5 3 2
```

题 43

隐藏的牌

```
        a b c
    ×     d e
    ─────────
        f g h i
        j k l
    ─────────
    = m n p i
```

这个乘法算式中没有1也没有0；f最大为2，j小于等于7。所以(a, b)的可能值是：(2, 2)，(2, 3)和(3, 2)。

图一的乘法算式中包括了四个2和两个红心3。所以图二中的红心3下面的那张牌不可能是2。于是我们可以推断出d = 3，a = 2。

那么f只可能等于2，而e就应该等于8或者9。

我们做个图表把图二中隐藏的牌，也就是能形成正确的乘法等式的16个数字都列出来，黑体的是已经求出的a, d, f的代表的数字。

2	3	5	6	7	8	9
2	3		5		7		9
2				7		9
				7		

  i 出现了两次,i 有可能等于 7 或 9(如果 i 等于 5 的话,c 必须等于 5);i 是奇数,而我们已经知道 e 等于 8 或者 9,所以在 i 是奇数的情况下,e 只可能等于 9。

  因为 i 不可能等于 1,所以 i 只可能等于 7,因为,所以,这个乘法算式应该是 2b3×39。

  mnpi 不会大于 1 000,所以 abc 不会大于 1 000/39 = 256。c 和 d 已经等于 3 了,那么被乘数只剩下两个可能,223 或者 253,经过验算,253 是符合题目要求的,得到的乘式如下:

$$\begin{array}{r} 2\ 5\ 3 \\ \times\quad 3\ 9 \\ \hline 2\ 2\ 7\ 7 \\ 7\ 5\ 9\quad \\ \hline =\ 9\ 8\ 6\ 7 \end{array}$$

现在我们要把红心 4 下面隐藏的那张牌找出来。根据图二和上面得到的答案,这张牌是 5。我们可以推断出这张牌不可能是在图一中出现过的梅花 5 和方片 5,也不可能是在图二中可以看到的红心 5。

  所以跟红心 4 连在一起的牌是黑桃 5。

第四章

数成行，数相交

题 44

和与积

假设第一个数是 AB，第二个数是 CD，根据题中给出的条件，我们可以列出下列方程式：

10A＋B＝A＋B＋C＋D，可以把它简化成：9A＝C＋D。

假设 C＋D＝18，A＝2，这样一来，CD＝99，这种情况很快就能排除掉，所以，我们推断出：

A＝1，CD 是 9 的倍数，C＋D＝9，C 和 D 其中有一个数是偶数，而且 CD＝A×B×C×D。

CD 是偶数，而且是 9 的倍数，满足这两个条件的有：CD＝72（这种情况可以排除掉，因为 72 不可能被 7 整除），CD＝54（也可以排除掉，因为 54 不能被 5 整除），CD＝36，CD＝18（可以排除，因为 18 不能被 8 整除）。

只剩下一个可能，那就是 CD＝36，因为 A＝1，根据四个数的积是 36，我们可以推算出 B＝2。我们接下来要做的事情就是检验一下 AB＝12 和 CD＝36 符不符合题目要求。

这不是惟一的解题方法，我们还可以采用其他一些有效的方法，通过反复试验排除不可能的答案，尤其我们可以从 CD 这个数入手，因为 CD 既可以被 C 整除也可以被 D 整除，符合这个条件的数不是很多。

题 45

和为 100(1)

假设第一个数为 AB,第二个数可以写成 A×B,它们的和可以写成：
10A＋B＋A×B。最后一个数大于 0 小于 10,这三个数的和为 100,所以：90＜10A＋B＋A×B＜100,我们可以将这个式子写成：

$$\frac{90-10A}{1+A} < B < \frac{100-10A}{1+A}$$

从中,我们可以得出 A 不会大于 8,所以我们可以把 A 限定于 2 到 8 之间的一个数。我们对 A 的可能值进行测试,要使上面的不等式成立,B 的值有很大的限制。我们发现,当 A≤4 时,不可能求出 B 的值。

最后求出的答案是 A＝5,于是：6.6＜B＜8.33,所以,B 等于 7 或者 8,经过验算,得出只有 7 才符合题目的要求,所以最后的答案是：

| 5 | 7 | | 3 | 5 | | 8 |

题 46

和为 100(2)

相对于传统的数学方法,我们在这里更倾向于使用一种可能更有效的限定方法。

假设第一个数是 AB,那么 BA 就是第二个数,而且因为 A＞B,A＋B＜10,我们很容易发现它们的和都是由相同的两个数字相加得到的,都等于 A＋B,所以这两个数的和我们可以写成：11(A＋B)。

因为,A＋B 不会大于 8,

于是,前两个数的和不会大于 88,

所以,最后一个数不会小于 12。 (1)

因为,A＋B 不会大于 8,

而最后一个数等于 A 乘以 B,所以,最后一个数不会大于 4×4＝16,

那么前两个数的和不会小于 84。 (2)

根据(1)和(2),我们可以推断出前两个数的和只可能等于 11 的倍数 88,而且 A+B=8。第三个数加上 88 等于 100,所以这个数是 12,所以 A×B=12。

所以 A 和 B 的和是 8,积是 12,这两个数分别等于 6 和 2,所以这道题的答案是:

| 6 | 2 | | 2 | 6 | | 1 | 2 |

题 47

斐波那契数列

假设这个数列中的五个数分别是 AE,F,BG,CH,DI。很容易发现,A 小于 4,如果 A 等于 4 的话,B 就会等于 5,C 等于 6,那么 DI 就会是一个三位数。

同样的,很容易看出 A,B,C 这三个数字是相连的。因为 A≤3,所以数字 3 肯定会出现在(A,B,C)中,而且是数列的前三个两位数中的其中一个的开头数字。

现在我们把目光转向后面的几个数字:E,F,G,H,I;E 和 F 这两个数字决定了其他三个数字。另外,E+F 大于 10,否则,A 就会等于 B。同样,F+G 也大于 10,否则,B 就会等于 C。而且,这五个数字中不可能有 3。

有了这些信息之后,我们很快就能对(E,F)的可能值进行验算排除,最后只剩下两种情况能够满足:E,F,G,H 和 I 各不相等,没有任何一个等于 3,而且 E+F>10,F+G>10 这三个条件。

E=7,F=9,G=6,H=5,I=1,还剩下 2,3,4 和 8 可能是 A,B,C,D 的值。

E=9,F=8,G=7,H=5,I=2,还剩下 1,3,4 和 6 可能是 A,B,C,D 的值。

因为 A,B,C 这三个数字是相连的,所以只有第一种情况满足这个条件,而惟一的答案就是:

| 2 | 7 | | 9 | | 3 | 6 | | 4 | 5 | | 8 | 1 |

这道题还有一些其他的解法，比如我们可以用代数的形式写下每个数（AE＝10A＋B），另外我们知道这九个数的和是45，或者我们可以根据九验法来解这道题。

题 48

质数

三位数的质数个位数只有四种可能：1，3，7，9，这四个数字和为20。但是我们要求的这三个质数之和的个位应该是9。所以我们必须从上面这四个数字当中拿掉数字1。

个位数字之和为19。这三个数之和又等于999，所以，十位上的数字之和必须为18，百位上的数字之和为8。这时，我们会想到到1到9这九个数字，每个数字只出现一次的话，它们加起来应该是45。

数字3，7，9是这三个数的最后一位数。因为这三个数百位数上的数字之和为8，所以这三个数的第一位数应该分别是1，2，5中的一个，而剩下来的4，6，8分别是它们的十位数。

我们可以把这三个数按照从小到大的顺序放进下面的方框里，第一列从上到下分别是1，2，5，请参照图一。接下来只要在图一的另外两列分别放入对应的数字，前提是要保证这三个数都是质数，所以第一行可能得到的数字有：149，163，167，第二行：263，269，283，第三行：547，563，569，587。

如果第一个质数是163，那么我们无法找到符合题目要求的第二个数，如果第一个数是167，那我们无法找到符合要求的第三个数。

所以，第一个质数只能是149，另外两个分别是263和587，所以最后的答案就如图二所示。

1	4	3
2	6	7
5	8	9

图一

1	4	9
2	6	3
5	8	7

图二

题 49

和是 5 000

假设第一个数是 a,第二个数是 b,第三个数就是 ab,最后一个数就是 ab^2。我们可以列出下面这个方程式:$a+b+ab+ab^2=5\,000$,这个式子也可以写成:

$ab^2+(a+1)b+a-5\,000=0$,这是一个二次方程,我们可以再变换一下这个方程式:

$$b = \frac{-a-1+\sqrt{20\,002a+1-3a^2}}{2a}$$

现在需要做的事就是把 0 到 9 代入根号里的算式计算。要使根式里的算式是某个正整数的平方的话,a 只能等于 9,那么 b=23,答案是惟一的:9,23,207,4 761。

处理根号里的算式比较棘手,尤其我们知道直到最后把 9 代入算式才能得到正确的答案 a=9。其实也可以通过其他的途径来解决这个问题,我们可以运用心算和分类的方法来解这个二次方程。

尤其是下面的方法:

——我们很容易证明 a 和 b 应该具备相同的奇偶性,而且 a 和 b 都不等于 5。

——通过 $a+b+ab+ab^2$ 的结果是以 0 结尾,我们可以根据 a 推断出 b 的最后一位数。

——不管 a 等于什么,我们都可以根据第三个数是一个三位数这个特点,心算出 b 的最小值,根据最后一个数不超过 5 000 来算出 b 的最大值。

——尤其是,当 a=2 的时候,为了使第三个数是一个三位数而且最后一个数不超过 5 000,第二个数必须大于 50,这不符合题目的要求,所以 a 不可能等于 2。

——通过九验法,我们可以推断出 a 不可能等于 1,4,7。

——这些方法都是建立在心算的基础上,可以同时运用,事实证明它们比解一个二次方程更容易一些,当然,前提是你要有心算的能力以及能够熟练运用九验法。

题 50

十个数字组成的数列

0 到 9 这十个数字每个数字只用了一次。它们加起来等于 45。假设 AB 等于组成其他四个数的八个数字之和,那么,AB 就等于 45 减去 A 和 B,得到等式:

$$AB = 45 - A - B \tag{1}$$

根据 AB 的代数特点,AB 也可以写成:

$$AB = 10A + B \tag{2}$$

根据(1)和(2),我们可以得到:$11A + 2B = 45$,然而要满足 A 和 B 都是小于 10 的整数,A 只能等于 3,B 等于 6,所以 AB = 36。

3 和 6 已经用过了,那么数列中两个相连的数有可能是下面三种情况中的一种:(19, 20),(49, 50),(79, 80)。

(79, 80)可以排除掉。因为这样一来,80 将会是这个数列中最大的数,而剩下的数是 1,2,4,5,这四个数字不管怎么组合,都不可能组成加起来等于 44 的两个数,使其能够与 AB(36)加起来等于 80。

(49, 59)也可以排除掉。因为 50 不可能等于数列中最小的三个数之和,所以 50 不是最大的数,那么 49 就应该和 36 一样是最小的三个数之一。而这种情况下,这三个数之和的最小值为(12+36+49),超过了 90,而 9 已经用过了。

还剩下(19, 20)。19,20 和 36 是数列中最小的三个数,根据题中所述,那么它们的和 75 应该是最大的数,还剩下 4 和 8 没有用到,组合在一起就是 48(因为 84 比 75 大,所以被排除掉)。最后的答案就是:

| 1 9 | 2 0 | 3 6 | 4 8 | 7 5 |

题 51

立方关系

没有什么简单的方法来解这道题,我们需要对第二个数 EFG 中的三个数字一个一个地去尝试和计算,但也不是盲目地猜测,还是要动脑筋。

首先，我们不需要考虑 EFG 的位置问题。E，F，G 这三个数字的立方之和等于第一个数，而第一个数显然是大于 1 000 的。

经过验算，EFG = 777 这种情况可以排除，上面提到的条件告诉我们如果 EFG 这三个数字中最大的数是 8 的话，那么其他两个数应该小于 7，如果最大的数字是 9 的话，那么其他两个数字应该小于 6，这样一来，我们的工作量就少了很多。

我们对 (E，F，G) 可能等于的数字一一进行验算，算出 $E^3 + F^3 + G^3$ 的和，于是我们就得到了一个数 ABCD。然后，在计算一下 $A^3 + B^3 + C^3 + D^3$ 是不是等于第二个数 (EFG)。

最后我们发现只有 (9，9，1) 符合题目要求。ABCD = $9^3 + 9^3 + 1^3$ = 729 + 729 + 1 = 1 459，EFG = $1^3 + 4^3 + 5^3 + 9^3$ = 1 + 64 + 125 + 729 = 919。

答案如下：

题 52

不明确的数列

这个数列带有斐波那契数列的一个属性，那就是后一个数等于前两个数的和，我们应该知道的是："在这样一个数列中，十个分别相邻的数加起来是这十个数中的第七个数的 11 倍。"

得出这个结论没有什么困难的，即使你不知道这个知识点，不会影响你做这道题。请仔细观察下面的表格，你会发现十个相邻的数加在一起等于 143x + 231y，也是第七个数 13x + 21y 的 11 倍。

根据这个结论，我们能够推断出题中所求数列的最后十个数中的第七个数，它等于：7 293/11 = 663。

现在我们要做的是，根据题中给出的数列结构和其中一个数是 663，来求出这个数列。

因为第四个数是一个两位数，所以，第二个数不会大于 49。

假设第一个数是 x，第二个数是 y，我们将接下来的数都根据题目给出的条件，用这两个未知数来表示。

第 3 个数	x＋y	11－58
第 4 个数	x＋2y	21－107
第 5 个数	2x＋3y	32－165
第 6 个数	3x＋5y	53－272
第 7 个数	5x＋8y	85－437
第 8 个数	**8x＋13y**	**138－709**
第 9 个数	**13x＋21y**	**223－1 146**
第 10 个数	**21x＋34y**	**361－1 855**
第 11 个数	**34x＋55y**	**584－3 001**
第 12 个数	55x＋89y	945－4 856

只有图表中黑体的四个数才可能等于 663，我们可以列出四个方程式。我们注意到 663 可以被 3，13 和 17 整除，而且 y 小于 49，根据这些条件我们来判断出哪种情况是符合要求的。

8x＋13y ＝ 13×51，于是 x 应该是 13 的倍数(这是不可能的，x 小于 10)；

13x＋21y ＝ 13×51，于是 y 是 13 的倍数，y ＝ 13，26 或者 39；

21x＋34y ＝ 17×39，于是 x 是 17 的倍数(不可能，x 小于 10)；

34x＋55y ＝ 17×39，于是 y 是 17 的倍数，而且 y 是奇数(不可能，34x＋55y 大于 17×39)。

所以，y 有三种可能性，但只有当 y ＝ 26 时，求出的 x 才符合题目的要求，x 等于 9。

我们现在知道了，前两个数是 9 和 26，这样我们就可以求这个数列中所有的数：

9，26，35，61，96，157，253，410，663，1 073，1 736，2 809

一共有 12 个数。

题 53

一个奇特的数列

这道题并不难，只是需要一点耐心。

我们很快地分析一下，就能得到下面的结论：

——第一个数是以 1 开头的,因为这个数是一个质数,所以它可能是 13,17 或者 19。

——其中一个数是某个正整数的平方,可能是 25,36,49 或者 64。

这个数列还有一个数 A 是另外一个数 B 的二分之一。

我们可以从 A 和 B 入手来解这道题,(A,B)由四个不同的数字组成,它们的可能值有 17 中组合,(13,26)—(17,34)—(19,38)—(23,46)—(48,96),如果 A 是以 1 开头的话,就只能是 13,17 或者 19。

我们假设 C 是某个正整数的平方,D 是第一个数并且以 1 开头。C 有可能等于 25,36,49 或者 64,而 D 有可能等于 13,17,19(我们先不考虑 A 是以 1 开头的数字),别忘了所有的数字都只用了一次。

我们将(A,B)的所有可能值一一验算,很快就能得出结论,(A,B)的每一次组合,C 的值都只有一个(甚至没有),D 的值也只有一个(甚至没有)。

比如,当(A,B)等于(37,78)时,这个组合已经用了 3,7,9 这三个数字,所以无法求出 D 的值,因为 D 要么等于 13,要么等于 17,要么等于 19。

同样的,(A,B)等于(46,92)时,无法求出 C 的值,因为 C 只可能等于 25,36,49 或者 64。

最后,我们验算了(A,B,C,D)的可能值,甚至包括 A 或 B 等于 13,17,19,25,36,49,64 的所有情况,剩下还没有用到的数字就都成了第五个数。(或者第四个和第五个数中有一个数是 A 或 B,等于上面提到的 7 个数)。

最后得出的答案是(A,B)等于(45,90)。于是 C 只能等于 36,第一个数 D 等于 17。还有 2 和 8 这两个数没有用到,它们组成了第五个数 28,加上 17 等于 45,45 正好是 90 的二分之一。

答案:

| 1 | 7 | | 2 | 8 | | 3 | 6 | | 4 | 5 | | 9 | 0 |

题 54

一道题里出现了三个平方

这很简单,在两位数当中只有六个数是某个正整数的平方,我们直接给出答案:

8	1
3	6

题 55

换个位置变成和

1. 纵向的数 AD 中的两个数字换一下位置就成了 DA,根据题中所述,DA 是 BE 和 CF 的和,也就是:DA = BE+CF,用代数方程表示,可以写成:

$$10D + A = (10B + D) + (10C + F) \qquad (1)$$

同样,我们也可以写出 EB 和 FC 的方程式:

$$10E + B = (10A + D) + (10C + F) \qquad (2)$$

$$10F + C = (10A + D) + (10B + E) \qquad (3)$$

将(1)+(2)+(3),得到:

$$19(A + B + C) = 8(D + E + F) \qquad (4)$$

从上面的方程式中我们可以推断:D+E+F = 19,A+B+C = 8,19 和 8 除了 1 之外没有其他的公约数。

A	B	C
D	E	F

2. 横向中有一个数是某个正整数的平方,这个数的数字之和不可能等于 8。所以,这个数应该是第二行的数 DEF。

这个某个正整数的平方是由三个不同的数字构成的,这样的数并不多,而且三个数字加起来等于 19 的数字只有 289 和 784。所以 DEF 等于 289 或者 784。

3. 知道 DEF 的值以后,ABC 就很容易求出来了。根据题中所述,A 是(E+F)的最后一个数字,B 是(D+F)的最后一个数字,C 是(D+E)的最后一个数字。

当 DEF = 289 时,ABC = 710,这个要排除掉,因为第三个纵向的数不能以 0 开头。

当 DEF = 784 时,ABC = 215,符合题目要求,所以,答案就是:

2	1	5
7	8	4

如果能够巧妙地运用九验法,也能解这道题,根据九验法,我们能推断出纵向的三个数都是 9 的倍数。因为这样的数并不多,所以我们能很快地找到两个组合:(18, 27, 54)和(18, 36, 45),这与上面的第二点是吻合的。只有第一个组合符合第三点:组成的横向的数中有一个是某个正整数的平方。

题 56

17 的倍数

既然题中已经给出了 17 的倍数,那这可以说是一个拼版游戏,或者说是一个排列的问题。这道题有两个答案,并且这两个答案是以对角线(4,3,0)为中心相互对称的。答案如下:

4	7	6
2	3	8
5	1	0

4	2	5
7	3	1
6	8	0

当然这个问题里也可以运用数学方法。假设第一行数字之和为 H_1,第二行的数字之和为 H_2,第三行数字之和为 H_3,我们能够算出格子里的九个数字之和为 36;

H_2 和 H_3 分别是 17 或者 34 除 $(6H_1-4)$ 和 $(10H_1+6)$ 的余数,我们可以用上面的答案来检验一下。

如果,我们假设第一竖排的数字之和为 V_1,第二竖排数字之和为 V_2,第三竖排数字之和为 V_3,我们也会有同样的发现。

我们也可以先假设第一行是某个数,然后再推断出第二行、第三行的数……这也是一种方法,但是这个方法比较浪费时间,也很容易出错。

题 57

八个数的俱乐部再次出现

解这道题需要一点耐心,但是借助一些显而易见的推断,我们可以加快步伐：

第三个数是前两个数的和，而这两个数是由 1 到 8 组成的，这八个数字之和为 36，是 9 的倍数。根据九验法，我们能推断出第三个数是 9 的倍数，这个数的四个数字之和也是 9 的倍数，然而这四个数字加起来最小等于 $1+2+3+4=10$，最大等于 $8+7+6+5=26$，又是 9 的倍数，所以这个和是 18。

用同样的方法，我们可以推断出其他三行的数字之和也等于 18。

很容易证明东南角上的四个数字和西北角上的四个数字是一样的，西南角上的四个数字和东北角的四个数字是一样的。

有了上面的推论，再通过反复的试验，我们就能找到另外一个答案：

		y	
4	3	5	6
2	1	7	8
6	5	3	4
8	7	1	2

你可能已经见过这四个数。它们构成了上一章中一个问题的框架。最大的三个数分别是最小的那个数的两倍、三倍和四倍。另外，如果我们将前两个数的数字顺序倒过来，就能得到后两个数。

第五章

字母算式谜

题 58

Raisonne + essais = résultat

```
  1 r t       s
  R A I S O N N E
+     E S S A I S
= R E S U L T A T
```

根据第二列(从左到右),我们可以得到:

$$1 + A = E \qquad (1)$$

如果我们将最后一列中的 E 用代替,我们得出:1+A+S 得到的数以 T 结尾。

第六列中,N+A+进位数(可能有也可能没有)也是以 T 结尾的。这个进位数不可能等于 1,因为如果进位数是 1 的话,N 就等于 S。所以这个进位数等于 0,我们可以推断出:

$$1 + S = N \qquad (2)$$

假设 r 是第三列的进位数,那么:

$$r + I + E = 10 + S \qquad (3)$$

假设 s 是第七列的进位数,那么:

$$s + N + I = A \qquad (4)$$

根据上面的推理,我们可以知道第六列的进位数是 0。
(1),(2),(3),(4)加起来可以得到:

$$2\times I+(r+s)=8 \tag{5}$$

从中我们可以得出这样的关系:$r=s$,$I=3$ 或者 4。

因为第二列两个数相加以后要向前进一位,所以第三列中的 $S<I$,而且 $S<4$。

因为 S 小于 4,(S,S,U)这一列不会产生进数,所以 $r=0$,从(5)中我们可以推断出 $s=0$,$I=4$。

第三列中,$I+E=10+S$,也就是说:$E=6+S$,将这个关系代入最后一列得到:

$6+2\times S=T$,因为 S 不可能等于 0,所以这个方程只有一个解:$S=1$,$T=8$,

顺水推舟,我们可以求出 $E=7$,然后根据(1)和(2),得出:$A=6$,$N=2$。

因为 $S=1$,第四列中 S+S 不可能等于 2,因为已经求出 N 等于 2 了,所以进位数 t 等于 1,继而 $U=3$。

为了第四列能得到进位数 1,第五列中的 L 必须小于 S。因为 S 等于 1,所以 L 只能等于 0,而 O 等于 9。字母 R 等于还没有用到的数字 5。

这道题就解出来了,经过一系列的推理,我们求出了惟一的答案:

```
    5 6 4 1 9 2 2 7
+     7 1 1 6 4 1
= 5 7 1 3 0 8 6 8
```

题 59

Tigre + lionne = tigron

我们可以确定第二列中的 $T=9$,于是,第一列中的 $L=8$。

将九验法运用到加法中,我们可以得到:

$T+2I+G+R+2E+L+O+2N=T+I+G+R+O+N$,将其以 9 为模,将 L 等于 8 代入算式简化以后得到:

$$I+2E+8+N\equiv 0,(以 9 为模,被 9 除) \tag{1}$$

我们从 1 到 7 对 E 进行试验。我们可以根据最后一列推断出 N(2×E 是以 N 结尾)。求出 E 和 N 之后,根据(1)我们可以求出 I。从 1 到 7 对 E 进行试验时,我们可以得到对应的 E,N,I,T 和 L 的值。我们列一个简单的图表来把这些数字可能对应的值列出来,我们已经排除了 E = 4 的情况,因为当 E = 4 时,N = 8 = L。

E	N	I	T	L
1	2	6	9	8
2	4	2		
3	6	7	9	8

E	N	I	T	L
5	0	9 或 0		
6	2	5	9	8
7	4	1	9	8

上图中显示(E,N,I,T,L)的值有四种可能,我们将还没有用到的五个数代到 R 中进行验算。求出 R 和 N 之后,就能得到第五列中 O 的值,和第四列中 G 的值,接下来要做的事就是检验一下第三列中 I 加 O 加进位数的可能值是不是等于 10 + G。

最后得出的答案来自第一种情况,也就是 E = 1 时的情况。

$$\begin{array}{r} 9\,6\,3\,5\,1 \\ +\ 8\,6\,7\,2\,2\,1 \\ \hline =9\,6\,3\,5\,7\,2 \end{array}$$

题 60

Demain mardi, je suis à Madrid[①]

```
      1 1 1 r s
      D E M A I N
    +   M A R D I
    +         J E
    +     S U I S
    +           A
    = M A D R I D
```

---

① 这句话的意思是:明天星期三,我在马德里。

第五章 字母算式谜

根据算式的第一列,我们可以推断出:
$$I+D=M \quad (1)$$

我们发现第五列中等号的上方和右边都有 I,所以,我们可以得出:当 r 等于 1 时,$s+I+D+J=10$,当 $r=2$ 时,$s+I+D+J=20$。

现在看第四列,R 出现在等式的上方和下方,所以,$r+A+U=10$,也就是:
$$当 r=2 时, A+U=8, 当 r=1 时, A+U=9 \quad (2)$$

不管是上面哪种情况,第三列都有一个进位数。

我们将第三列中的 M 用 $1+D$ 代替,那么,$2+D+A+S$ 的结果就是由 D 结尾,所以,$A+S=8$ (3),第二列有一个进位数。

因为 $A+S=8$,那么 $A+U$ 只可能等于:$A+U=9$ (4),$r=1$ (5)。

根据第二列,我们知道 $A<E$,$A<M$,所以,A 也小于 D(D 和 M 是相连的两个数),也就是说 $A \leqslant 6$。

现在只需要将 1 到 6 分别代入 A 进行验算,不过首先就可以排除 $A=4$ 的情况,因为当 A 等于 4 时,S 也等于 4。

当我们假设 A 等于一个数后,根据(3)我们就能求出 S($A+S=8$),根据(4)能求出 U($A+U=9$)。

根据第二列,我们可以确定(E,M)的值,因为 $E+M=10+A-1$,求出 E 和 M 之后,可以求出 D,D 等于 $M-1$,而且 D 不等于 A,S,U。

验算很快就可以完成。

我们得到下面四种可能性:

$$A=1, S=7, U=8, E=4, M=6, D=5$$

(没有用到的数字就是 N,J,I,R 的值:0,2,3,9)

$$A=1, S=7, U=8, E=6, M=4, D=3$$

(没有用到的数字就是 N,J,I,R 的值:0,2,5,9)

$$A=3, S=5, U=6, E=4, M=8, D=7$$

(没有用到的数字就是 N,J,I,R 的值:0,1,2,9)

$$A=5, S=3, U=4, E=6, M=8, D=7$$

(没有用到的数字就是 N,J,I,R 的值:0,1,2,9)

求出第六列中 E，A，S 的值后，我们会发现第五列中的进位数不会小于 1，另外，根据(5)我们知道 r＝1，我们就可以简化一下第五列：

$$D+J+I 不会大于 9 \tag{6}$$

仔细观察上面的四种情况之后，我们会发现 J 和 I 其中有一个等于 0。否则的话，代数式(6) D＋J＋I 会大于 9。

因为 J 不可能等于 0，所以 I＝0。

答案已经出来了。最后一列中的 I，E，S，A，D 的值都知道了，我们可以通过减法求出 N 的值，然后可以求出第五列中 J 的值，最后 R 就等于那个还没用到的数字。

答案来自上面的第二种情况，N＝9，J＝5，R＝2。

```
    3 6 4 1 0 9
+     4 1 2 3 0
+             5 6
+       7 8 0 7
+               1
= 4 1 3 2 0 3
```

题 61

Reste à Madrid

```
            r 0
      R E S T E
  ×           A
= M A D R I D
```

从最后一列中我们可以得出 A×E 是以 D 结尾。第三列中也有 D 和 E，我们可以推断出来自第四列的进位数是 0，我们可以得出两个关系式：

$$RE \times A = MAD \tag{1}$$

$$STE \times A = RID \tag{2}$$

根据第一列，我们可以推断出 M＜A，根据第二列，可以推断出 R 大于 A 和 S。

如果我们知道 A 的值,我们就能选择不同的解决办法:

第一种情况:A<5

因为 M<A,所以 MA 的可能值是:12,13,23,14,24,34。

将 MA 除以 A 可以得到(1)中的 R,R 应该大于 A。知道 R 以后,R 除以 A 可以得到(2)中的 S。

我们将上面 MA 的可能值分别代入关系式验算,最后可以得到 MARS 的三个可能值:1 263,2 461,3 482。

第二种情况:A=5

可以马上排除这种情况。第二列中的 A 等于 5 时,进位数 r 就应该等于 0,那么 E 应该等于 1 或者 0,当 E 等于 1 时,D 也等于 5,当 E=0 时,D 等于 0。

第三种情况:A>5

因为 R>A,所以 AR 的可能值是:67,68,69,78,79 和 89。我们将这些值代入关系式验算,第三列的进位数是 0,所以第二列中 S 等于 1。

把 A 和 R 相乘,我们可以确定(1)中 MA 的值。

将 AR 的可能值分别代入关系式验算,我们能得到 MARS 的可能值:4 671,5 691,5 781,6 791,7 891。

MARS 一共有八个可能值,(1)中的 A 和 R 相乘后能让我们求出得到 MA 需要的进位数 r,同时 E 的值能影响 r 的值,另外 E 的值也能影响最后一列中 D 的值。

在验算这个八个可能值时,我们发现其中的三个值能让 MARSED 中的六个字母等于不同的数字:126 348,348 250 和 578 124。

当 MARSED=578 124 时,I 有可能等于 0,3,6 和 9,但是不管 I 等于这四个数中的哪一个,因为 A=7,所以(2)中的 RID 是无法求出的。

当 MARSED=126 348 时,A 和 E 都是偶数,所以 RID 是 4 的倍数。RID 只可能等于 608,但是 608 除以 A(=2)得到 STE=304,所以 T=I=0。

还剩下 MARSED=348 250 的情况,RID 是 4 的倍数。RID 只可能等于 860,这个数除以 A(=4)得到 STE=215,这符合题目的要求,所以答案是:

$$\begin{array}{r} 8\ 5\ 2\ 1\ 5 \\ \times\qquad\qquad 4 \\ \hline =3\ 4\ 0\ 8\ 6\ 0 \end{array}$$

为了解开这个信息,我们把信息中的数字和字母分别用对应的字母和数字代替就可以得到:DEMAI7 MATI7 A 9ARIS, 8! EuRES, 314 RuE AR! MEDE³。

稍微想一想,我们就可以解开这条信息:
DEMAIN MATIN A PAPRIS, 8 heures, 314RUE ARCHIMEDE³①。

题 62

J'arrive jeudi de Madrid

$$
\begin{array}{r}
1\ r\ s\ t\ u\ j\\
+\ A\ R\ R\ I\ V\ E\\
+\quad\ J\ E\ U\ D\ I\\
+\qquad\qquad D\ E\\
\hline
=M\ A\ D\ R\ I\ D
\end{array}
$$

表面上看,除了把这几个字母的可能值一一代入算式计算,好像就没有其他办法了。

我们先假设 r=0,我们将(R,J)的可能值代入算式,因为 R+J≥11,所以第一列中的 M=A+1。R=9 的情况被排除,因为当 R=9 时,J=M,然后,R=8 的情况也被排除,当 R=8 时,第三列中的 D=9,s=0,E=1,等等,对(R,J)进行假设和验算后,(R,J,A,M)的值有 13 种可能性。

接下来,我们研究 r=1 的情况,在这种情况下,(R,J,A,M)的值有 12 种可能性,R 和 J 既不能等于 8 也不能等于 9。

在这 25 种情况中,根据进位数 r 我们来寻找第三列中的(R,E)的值,这同时能让我们求出 D 的值。

当我们求出 J,E,D 后,我们能求出最后一列中 I 的值。在知道 D,I 和进位数 u 的值后,我们就能求出第五列中 V 的值。

知道 R,I 和 t 的值后,第四列中的 U 也能求出。

要使等式成立,并且这 9 个字母分别等于不同的数时,惟一满足这两个

---

① 这句话的意思是:明天 上午 巴黎,8点,阿基米得街 314 号。

条件的情况就是 (R, J, A, M) = (7, 3, 2, 1)，这个答案是来之不易的：

```
              3
+  1 7 7 6 4 8
+      3 8 0 5 6
+              5 8
= 2 1 5 7 6 5
```

题 63

Février 28

```
        J O V R S
      ×       2 8
= F E V R I E R
```

我们首先把 1 到 9 代入 S 分别计算。当我们假设 S 等于某一个数以后，我们就能算出 R(S×8 的最后一位数是 R)。知道 RS 之后，我们就能求出 E(RS×8 的最后两位数是 ER)。

另外，FEVRIER 有七位数，所以 FE 小于 28 或者简单来说，F 等于 1 或者 2。

我们把 1 到 9 代入 S 计算后，会得到 SREF 的九个不同组合，而且这四个数字各不相同，它们分别是：1 862, 2 631, 3 401, 3 402, 4 271, 5 041, 5 042, 6 801 和 6 802。

现在我们要做的就是对上面这九个数进行检验。

最简洁的方法就是用七验法。对上面每一组四个数字的组合，I 的值有 6 种可能。知道 FEVRIER 中的 F, E, I 后，我们可以推断出 V 的值：因为 FEVRIER 可以被 7 整除，所以 V 加上 2(E+F+2I) 能被 7 整除。

求出 I 和 V 后，我们就求出了 FEVRIER，然后将 FEVRIER 除以 28 就得到了 JOURS，我们再检验一下得到的 JOURS 是否符合题目的要求就可以了。最后，我们会从四个数字的组合 5 042 中得到惟一一个符合题目要求的答案：I = 9, V = 1 或者 8，但只有 V = 1 才能求出符合要求的 FEVRIER 的值。

$$28 \times 86\,105 = 2\,410\,940$$

还有一种同样有效的方法,就是当我们检验 SREF 的九个值时,可以将没有用到的六个数分别代入 V 检验。当我们假设 V 等于某一个数之后,我们可以推算出 IER($28 \times VRS$)的最后三位数是 IER,然后等我们求出 FEVRIER 后,再将它除以 28 得到 JOURS 的值,最后再检验一下得到的 JOURS 是否符合题目的要求。

不管是用哪一种方法,我们都要做 54 次计算:与 9 个 SREF 中的任何一个对应的 I 或 V 都有 6 种可能值。

用第一种方法的时候,计算可以简化:事实上,根据 S 是奇数还是偶数,IER 能否被 8 整除,确定这个以后,我们可以知道 I 的奇偶性,这样就不用把 I 的每个可能值都代进去计算一遍了。

题 64

海盗船长的年龄

我们假设 1ABC 是这位海盗船长的出生年份,那么他的死亡年份就应该是 1BAC 或者 1CAB。它们的差是由后一个数的最后两个数字构成,但是位置相反,所以,我们可以通过根据 A,B,C 的不同值来解下面这两个算式:

$$
\begin{array}{r} 1\ A\ B\ C \\ +\quad\ \ A\ C \\ \hline = 1\ B\ C\ A \end{array}
\qquad
\begin{array}{r} 1\ A\ B\ C \\ +\quad\ \ B\ A \\ \hline = 1\ C\ A\ B \end{array}
$$

左边这个算式里,第二列中 $1+A=B$ (1),根据第三列,我们可以得出 C 小于 A 和 B,为了使第二列有进位数,我们可以得到两个方程式:

$$A = 2 \times C$$
$$A + B = 10 + C$$

不管是用传统的方法来解这个有三个未知数的方程组(1)(2)(3),还是将 2 到 4 分别代入 C 进行验算,这种情况下后一种方法更简便,我们得到 $C=3, A=6, B=7$。

根据右边的算式同样也可以列出有三个未知数的方程组:

$$C = 1 + A \qquad (1)$$

$$B = C + A \qquad (2)$$
$$2B = 10 + A \qquad (3)$$

但是根据这个方程组无法求出 A，B，C 的值。

所以，这道题的答案来自左边的算式，船长的出生年份是 1673，更具体一点应该是 1673 年 6 月 21 号，他的死亡年份是 1736 年，1736 年 12 月 13 号。我们来检验一下，这两个日期的差是 63，也是船长去世时的年纪，这个数字同时也是他死亡年份的最后两个数字调换位置得到的。

题 65

未知数 X

CUBE 是某个正整数的立方，构成 CUBE 的四个数字各不相同，并且它的个位数同时也是某个正整数的平方的个位数，所以 E 应该等于 0，1，4，5，6 或 9。

我们将所有可能是某个正整数的立方的四位数都找出来，也就是 10 到 21 的立方，同时符合这两个条件的是：4 096（这个可以排除，因为 UN 不可能以 0 开头），6 859（UN = 81）和 9 261（UN = 25）。

如果 CUBE = 9 261，那么 CARRE 应该是 300 到 315 中某个正整数的平方，并且个位数是 1 或 9。另外，CARRE 的十位和百位上的数字是一样的。300 到 315 中没有哪个数的平方能符合这个要求。

如果 CUBE = 6 859，那么 CARRE 应该是 245 到 264 中某个正整数的平方，并且个位数是 3 或 7。另外，CARRE 的十位和百位上的数字是一样的。有两个数的平方符合这个要求：一个是 247，这时 CARRE 等于 61 009（这个可以排除，因为这样的话，A = N = 1），另一个是 253，这时 CARRE 等于 64 009。

所以：CUBE = 6 859，UN = 81，CARRE = 64 009。

还剩下 2，3，7 没有用到。X 是另外一个数的倍数，所以 X 只能等于 2，它的一半 N = 1，N 正好是 NICE 中的一个字母。

CINQ 有两个可能值：6 713 和 6 317。6 317 可以被 7 整除，所以 CINQ 只能等于 6 317。

经过验证，6 317 的确是一个质数。所以这是正确答案。

题 66

两个数字顺序相反的数的积

积可以写成 $1\,000 \times DEF + DEF + 1 = (1\,001 \times DEF) + 1$。

$1\,001$ 可以被 11 整除，所以积应该被 11 除后余 1。

三位数 ABC 被 11 除得到的余数和 CBA 被 11 除得到的余数是相同的。

假设这个余数为 x，那么 $x^2 \equiv 11$ 的倍数 $+1$，也就是 $x \equiv 11$ 的倍数 ± 1。

所以 ABC 要么是 11 的倍数加 1 要么是 11 的倍数减 1。

在这个基础上，$1\,001$ 是 13 的倍数，我们也可以用十三验法。但是，即使这种方法非常有效，但是却能产生很多错误。我们可以将与 11 的倍数相邻的两个数代入 ABC 进行验算，A，B，C 三个数字各不相同，CBA 跟 ABC 具有相同的特点，而且 $A < C$。

最后求出的答案是 $ABC = 395$，$CBA = 593$，$DEFDEG = 395 \times 593 = 234\,235$。

题 67

请做加法！

A B C	a) A C B	b) A C B	c) A C B	d) A C B
+ D E F	+ E F D	+ E F D	+ F D E	+ F D E
= G H I (1)	= H I G	= I G H	= H I G	= I G H

原来的加法算式每一行的数字变换位置后，可以得到四个不同的加法算式，如上图所示，分别用 a)，b)，c)，d) 表示，原来的算式我们用黑体表示。

根据(1)，我们知道 $G > D$ 而且 $C + F$ 是以 I 结尾。再看 d)，从第二列（从左到右）中我们可以得出 $G > D$，第一列中的 $A + F$ 是以 I 结尾，跟 $C + F$ 一样，所以 $A = C$（这是不符合题目要求的）。

根据 a)，我们可以得出 $H > E$，所以(1)中的第一列应该没有得到进位数，$A + D$ 以 G 结尾，这和 a) 中的最后一列 $B + D$ 以 G 结尾是矛盾的。所以我们就排除了 a) 和 d) 这两种情况。

只剩下 b) 和 c) 了。我们把从(1)到 b) 置换法用到 c) 中，我们重新得到了

(1),所以可以简化成解下面这两个算式：

$$\begin{array}{r}ABC\\+\ DEF\\\hline =GHI\end{array}\ (1)\qquad\begin{array}{r}b)\ ACB\\+\ EFD\\\hline =IGH\end{array}$$

b)中B+D是以H结尾的,所以我们可以推断出(1)中的第二列有一个进位数,所以1+E=D。同样(1)中C+F是以I结尾的;b)中的第二列也有一个进位数,所以我们可以推断出G=1+I,而且这两个算式的第一列都有一个进位数。

根据(1),我们知道I和G小于C,F,根据b),I大于A,E,D,所以A,E,D<I<G<C,F。

A,E,D都不等于0,I最小等于4最大等于5(根据题中所述,6在第二行)。

如果I=5,G就等于6(根据题目要求这是不可能的)。所以I只能等于4,而G=5,我们就可以推断出(1)和b)中的第一列的数字:A=1,E=2,D=3。C和F加起来等于14,所以等于6和8,F处在第二行,所以F=6,C=8。H比E小,只能等于0,根据b),我们可以求出B=7,所以答案就是:

$$\begin{array}{r}178\\+\ 326\\\hline =504\end{array}\ (1)\qquad\begin{array}{r}b)\ 187\\+\ 263\\\hline =450\end{array}$$

题 68

顺序不同

第一列中的B必须等于1,否则,结果就可能有五位数。

算式中出现的六个数中的数字之和都是一样的,都等于A+B+C+D。那么六个数除以9得到的余数应该是一样的,我们假设这个余数为x,我们运用九验法可以得到:

$5x \equiv x$(除以9)$\rightarrow 4x \equiv 0$(除以9),也就是$x \equiv 0$(除以9)

所以ABCD是9的倍数,这四个数字之和S也是9的倍数。B等于1,所以S最大等于9+8+7+1=25,最小等于1+2+3+4=10。这中间是9

的倍数的只有 18,所以 A＋C＋D＝17。

虽然有更为简捷的方法,但是这里我们试试用一种不怎么常用的方法,同样有效,这个方法建立在互补性的概念上。

我们在原式的基础上加上一个数 BDCA。就得到了左边的加法算式。后三列中每一列都出现了两个 A、两个 C 和两个 D,这三个数字之和为 17。每一列中的六个数字之和为 34,而第一列中的六个数字之和为 6(B＝1),知道进位数之后,我们很容易就知道这个加法的结果,等于 9 774。

现在,我们将原式的结果加上 BDCA,应该也是等于 9 774,请参照中间的加法算式。

因为 B 等于 1,请观察一下右边的算式,我们很快就能得到:第一列中的 A＝8,从而最后一列中的 D＝6,第三列中的 C＝3。

```
    3 3 3
    B C D A
  + B A D C
  + B D A C                A B C D              A 1 C D
  + B C A D              + B D C A            + 1 D C A
  + B A C D              = 9 7 7 4            = 9 7 7 4
  + B D C A
  = 9 7 7 4
```

答案就是: 1 368＋1 863＋1 683＋1 386＋1 836＝8 136

第六章

基 础 几 何

题 69

面积与周长同值

设 a 表示直角三角形的斜边，b 和 c 为直角边，根据毕达哥拉斯定理可以写出：

$$a^2 = b^2 = c^2 \tag{1}$$

三角形的面积等于 b·c/2，根据周长为 a+b+c 的给定条件，可写：b·c=2a+2b+2c 或者：

$$2a = b \cdot c - 2b - 2c \tag{2}$$

将(2)中的每个数字乘以平方，得到：

$$4a^2 = b^2 \cdot c^2 + 4b^2 + 4c^2 - 4b^2 \cdot c - 4b \cdot c^2 + 8b \cdot c \tag{3}$$

将(1)乘以 4 再减去(3)，得到：
$b^2 \cdot c^2 - 4b^2 \cdot c - 4b \cdot c^2 + 8b \cdot c = 0$，用 b·c 化简：
b·c−4b−4c+8=0，由方程式推断：
$c = \dfrac{4b-8}{b-4}$ 或者 $c = 4 + \dfrac{8}{b-4}$，方程式中 b 和 c 的惟一整数根是：
b=5，因此 c=12；b=6，因此 c=8，对称可得：b=8，c=6；b=12，c=5。

因此所求三角形限定为两对单位，第一对是边为 5、12 和 13，面积和周长同为 30，第二对是边为 6、8 和 10，面积和周长同为 24。

题 70

整数梯形

如下图所示,一个直角梯形由一个矩形 ABCD 与一个直角三角形 BCE 合并而成。假设,三角形的边长都为整数。满足这些条件的最小直角三角形是边长为 3、4 和 5 的三角形。根据三角形长度为 3 或为 4 的边贴着直角,可知下列两种情况:

图 1:如果 x 为矩形的长,梯形周长为 2x+12,其面积为 3x+6。面积与周长相等可得:2x+12=3x+6,即 x=6,梯形面积等于 24。

图 2:如果 x 为矩形的长,梯形周长为 2x+12,其面积为 4x+6。面积与周长相等可得:2x+12=4x+6,即 x=3,梯形面积等于 18,小于图 1 的面积,因此图 2 为满足已知条件的最小梯形。

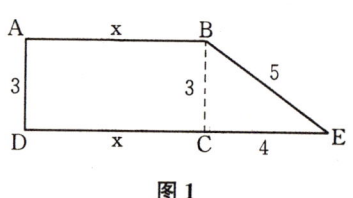

图 1

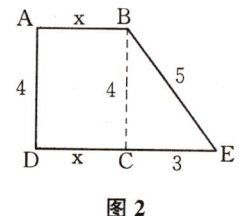

图 2

题 71

梯形的对角线

AB 和 CD 平行,角 ABD 和角 CDB 相等。两个直角三角形 DBC 和 BAD 有一个相同的锐角,相似的可写:

$$\frac{BD}{AB} = \frac{BC}{AD} \text{ 即 } BD \times AD = AD^2 \tag{1}$$

AB 和 BC 长度相同。

在直角三角形 ABD 中,可写:

$$BD^2 = AB^2 + AD^2 \tag{2}$$

用(2)减去(1),可得:

$$BD \times AD = BD^2 - AD^2 \qquad (3)$$

用长度值 10 替换 AD。方程式(3)变为：$BD^2 - 10 \times BD - 100 = 0$，由二次方方程式得到：$BD = 5 + 55 = 16.2 \text{ cm}$。

题 72

关于梯形的面积

三角形 BDC 中从 B 点量得的高和三角形 ADC 中 AD 的高度相等。这两个三角形同底，两个三角形的面积，等于底边与高度的一半，因为面积相等。

此外，两个三角形有一个共同部分三角形 EDC，补充部分，也就是三角形 AED 和三角形 BEC 有相同的面积。

试想另一个结论：在一个三角形，所有从一个顶点出发的割线将这个三角形分成两个三角形，其面积与由对边割线决定的线段长度成比例。

假设 x 是 AEB 的面积，z 是 AED 的面积，也即是 BEC 和 CED 的面积，可写：

$$\frac{x}{z} = \frac{z}{y} = \frac{EB}{ED}, \text{ 即 } z^2 = x \cdot y = 32 \times 50 = 1\,600$$

可推断出三角形 BEC 和 AED 的面积，各等于 40 cm^2，梯形的面积等于 162 cm^2。

题 73

三角形的高

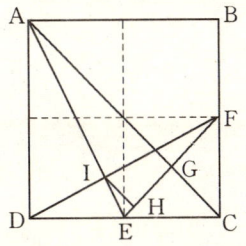

如果将四边形分为四个基本四边形，如右图所示，我们会发现 AC 和 EF 垂直，G 位于从 A 出发的 AC 线段的四分之三处。因此 $AG = 7.5 \text{ cm}$。

另外，AE 和 DF 垂直，三角形 AID 和三角形 DIE 类似于 $AD/DE = 2$。

因此可得 $AI = 2ID$，$ID = 2IE$，即 $AI = 4IE$，或

用另一种形式表示：$\dfrac{EI}{EA} = \dfrac{1}{5}$ 垂直于 EF 的 IH 和 AG 平行，由此推论，三角形 EHI 和三角形 EGA 相似，结果可写为：

$$\dfrac{HI}{GA} = \dfrac{EI}{EA} = \dfrac{1}{5}, \text{ 即 } HI = GA/5 = 1.5 \text{ cm}$$

题 74

四边形与平行线

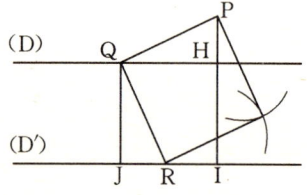 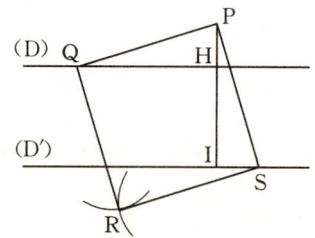

我们在左上图中展示了两个相连顶点 Q 和 R 落在 D 和 D′ 上的画法。通过 P 作 D 和 D′ 上的公共垂线，与这两条直线交于 H 和 I。然后画四方形 HIJQ，HI 为一条边，HQ 和 IJ 为落在 D 和 D′ 上的两条边。

Q 是第一个所求点。D′ 上有 R 点，JR 的长度 = PH 或 QR = QP，得到 R 点。最后一个顶点 S 是分别以 P 和 R 为圆心、PQ 和 RQ 为半径所画的圆弧的相交点。我们把论证结果的工作留给读者。

我们在右上图中展示了两个相对顶点 Q 和 R 落在 D 和 D′ 上的画法。通过 P 作 D 和 D′ 上的公共垂线，与这两条直线交于 H 和 I。在 D 上 HQ 长度等于 PI。Q 是第一个所求点。

接着在 D′ 上，在 IH 的另一边，IS 长度 = PH 或 PS = PQ。S 是第二个所求顶点。最后一个顶点 R 是分别以 Q 和 S 为圆心、QP 和 SP 为半径所画的圆弧的相交点。我们把论证结果的工作留给读者。

题 75

周长与角

通过 M 和 N 作两条直线,使其与 MN 分别成与 B/2 和 C/2 相等的角(用圆规可完成)。这两条直线相交于 A,三角形的第一个所求点。

只剩下标出 AM 和 AN 的垂直平分线。另外两个顶点 B 和 C 就是两条垂直平分线与线段 MN 的交叉点。

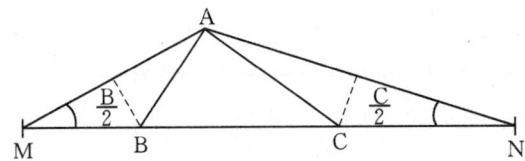

论证:

B 和 C 一方面属于垂直平分线 AM,另一方面属于 AN,因此有 MB = AB 以及 CN = CA,即是 MN = MB+BC+CN = AB+BC+CA = 三角形周长。

三角形 BMA 是等边三角形。因此 BAM = BMA = B/2。

我们记得三角形的外角等于两个内角之和,即 ABC = BMA + BAM = B/2+B/2 = B。同理可证角 ACB 等于角 C。

另一个答案在于,在 M 上作角 B,其一边落在 MN 上,任意一点 P 在 MN 上,角 C 的一边同样落在 MN 上。两条边交于 Q。

随后从 P 点向外延长 MP,使得 PR 长度等于 MQ+QP,在此条件下,MR 代表三角形 QMP 的周长。

剩下的是三角形相似的问题。只需要通过 N 做 QR 的平行线,与 MQ 交于 A,通过 A 作 QP 的平行线,交 MN 于 B。A、M 和 B 构成了所求三角形的顶点。

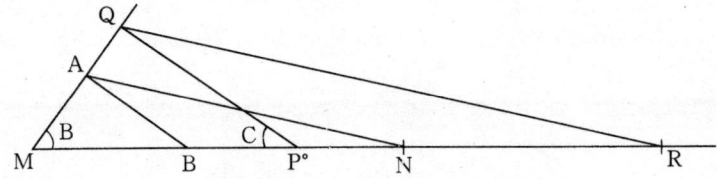

题 76

月光下散步

如果 O 和 O′ 分别是两个圆的圆心，OO′ 的距离也等于两圆之间 EF 的距离。

比较三角形 OAO′ 和三角形 AOB。它们共享边 OA，边 OO′ 和 AB 等于 EF，因此这两条边也相等，边 O′A 和边 OB 相等因为两圆的半径相等。因此两个三角形相等。

我们推断出角 AOH 和角 OAH 相等，都为 45 度，就像等边直角三角形 HAO 的锐角。

还可推论：HO′ = HB = AB/2，想到 HA = 3AB/2

还要将毕达哥拉斯定理运用在 HAO′ 上：

$$HO'^2 + HA^2 = O'A^2 = 400$$

即：$AB^2/4 + 9AB^2/4 = 400$，从方程式中提取出：$AB^2 = 160$ 或 $AB = 4\sqrt{10} = 12.65$ cm，也就是所求的 EF 的宽度。

第七章

演绎与视觉拼版游戏

题 77

地方声望

假设我们要找的人叫普安卡雷。根据参赛者 A 和 B 的回答可知他既不是学政治的,也不是学数学的,既不叫雷蒙,也不叫亨利。因此他只可能是画家,姓奥古斯特,这一结论与参赛者 D 的回答相矛盾。因此我们的主人公不叫普安卡雷。

通过参赛者 A 和 B 的答案只可能得到这样的结果:(雷蒙—数学)和(亨利—政治)。

如果(雷蒙—数学)的姓是马蒂斯,参赛者 D 就会有三个错误回答。类似地,如果(雷蒙—数学)姓雷诺阿,那么参赛者 C 也会有三个错误答案。

只剩下一种可能性(亨利—政治)姓雷诺阿,这样参赛者 D 就有个正确的答案,从而我们可以得到这个知名人士的完整身份:亨利·雷诺阿,政治家。

题 78

国际径赛冲刺

我们用每位队员的国籍的第一个字母来指定他们。葡萄牙人用 P,意大利人用 I,在他们中间隔两位队员。德国人有两个中间位置供选择,我们将比利时人放在四个位置之首。

1. B—P A—I
2. B—P A I

意大利人 I 在卢森堡 L 和瑞士人 S 之中，其中隔着四位选手。上面两种情况衍生出以下四种可能性：

$$1a, 1b, 2a, 2b$$

在情况 1a 中，挪威人和西班牙人前后相邻，只能摆到领队的位置，位于比利时人之前，或者摆到队伍最后的位置，位于瑞士人之后，但是这两种情况中都不可能让荷兰人和法国人之间隔着一位选手。

出于相同的原因，我们推断出 2a 也不可能。

只剩下情况 2b 及随之产生的 9 种排法。前后相继的挪威人和西班牙人只可能处于意大利人和瑞士人之间，那么还剩下比利时人的前后两个位置给荷兰人和法国人。答案是惟一的：HBFPLAINES，那么领头羊是荷兰人。

题 79

气象先生的谎言

假设四台的专家撒谎了。第二天的日期是 4 的倍数，而这一天的前一天也就是第一天的日期是奇数，那么二台的专家在这天说了实话。

那么这位专家和四台的专家预告第二天是个好天气：一个第一天没有撒谎，另一个第二天说的是实话。

推断四台的专家已经说过实话，五台的专家撒过谎并且是惟一的撒谎者。第一天的日期是奇数，3 的倍数，第二天是 5 的倍数（此前一天是奇数），也是 10 的倍数。

根据这些已知条件得到仅有的两种可能性是：相连的两天的日期是 (19—20) 和 (29—30)。排除第一种可能性：如果第二天是 20 号，为 4 的倍数的话，那么四台的专家就应该是撒谎了，但是事实不是这样的。

因此我是 29 号到的，30 号这一天天气晴朗。

第七章　演绎与视觉拼版游戏

题 80

蝉与蚂蚁

　　字母 E 只在题目中出现过两次。抽取出来的三个单词中至少有一个不含有字母 E,以便用词组中的一至两个单词代表抽出的单词:[　],所有其他的单词至少含有一个 E。

　　这三个单词每个都含有一个字母 O,但是题目中只有一个 O,这样我们可以知道:

　　——只能从上面这三个单词抽取出一个。

　　——清单中的其他词:COURGE, GRELOT, MOUFLE 和 ROUGET 中含有字母 O,它们不在抽出的三个单词里。

　　——GRLERE 和 MERULE 也不在抽出的三个单词里,否则抽取出来的三个单词将含有三个 E。

　　上面这组三个单词中没有一个含有字母 F,在还没有排除掉的词中含有 FOURMI 中的 F 的有:[AGRAFE, CARAFE, FIGURE],这三个词中有一个属于三个要被抽出来的词当中。

　　第二组中三个单词中没有一个包含了字母 L,这两组中六个单词中没有一个包含了字母 M。题目包含了三个 L 和一个 M,抽取的三个单词中有一个单词含有至少两个 L 和一个 M。其他两个满足这两项条件的单词是 Maille 和 Limule,第三个 L 由第一组产生,这组单词含有 Corail 和 Coutil,所有其他的单词不是只含有一个 M,就是两个 L,应该排除。

　　第二组和第三组中任何一个单词都不含有 T。题目中的 T 只能来自单词 Coutil。

　　Coutil 含有标题中惟一的 U 和惟一的 C,第二组单词里的 Agrafe 既没有 C 也没有 U,可以是第二个抽出来的单词,第三个单词是 maille。

　　答案就是:Agrafe, Coutil, Maille。

题 81

音乐谜语

　　借助这道题的标题,做一点观察或者运用一些直觉,我们可以猜测这篇文章里的七个音阶,下文用粗体标注,从而帮助我们还原颂词的顺序。单词中 Sancte 和 Joannes 中的 S 和 J 作为第四行首字母被重新排列从而组成最后一个音"si",比"san"与"sanc"更具音乐性。在这里提醒 J 在拉丁语中读作 i。

十一世纪本笃会修士音乐家奎多从这首圣歌中得到给各个音阶命名的灵感。晚些时候,音阶"ut"被"do"取代,唱的时候更好发音。

题 82

重逢

这道竞赛题充满了陷阱。首先,克劳德与多米尼克中的一位是四个人中惟一一位女士,但是是哪一个呢?然后,我们又碰上了这句不清不楚的话:《克劳德,尼古拉的妻子》;这涉及两位不同的人还是同一个人?

最后,望一眼日历,你将立即发现最奇特的事。平年中的 1 月 1 日与 12 月 31 日是一周中的同一天。对于一个出生于 1 月 1 日的人来说,他在某一年(N)的生日和他下一年(N+1)的生日的前一天是这一年(N)的同一天,条件是这一年是平年。如果这一年是闰年,一眼便能得知第 N+1 年中生日的前一天为 12 月 31 日(N),相对于 1 月 1 日来说迟一天。

我们来看推理,逐步解决问题:

A. 据第一项推断,亚历山大的出生年份(还有他夫人)以及他们的结婚年其中一个是闰年,另一个不是。此外,根据情况,

——如果亚历山大出生在闰年的话,他于 1 月或 2 月出生,他的夫人于同一年的 3 月或 12 月出生。

——如果亚历山大出生在非闰年的话,他于 3 月至 12 月之间出生,他的夫人于同一年的 1 月或 2 月出生。

B. 亚历山大与他的夫人的出生日是某个周一,亚历山大不可能娶了克劳德,如果这是位女性的话(出生于某个周五)。亚历山大不可能娶了克拉热:他应该出生在 1982 年,一个非闰年,根据 A,月份是 3 月到 12 月之间。那么克拉热的丈夫出生于 1 月份。

亚历山大没有娶出生在 12 月份的诺埃尔:根据 A,他可能出生在同一年的 1 月份或 2 月份,那么就会比后者大,这一结论与推断 2 是矛盾的。

C. 亚历山大要么娶了朱丝提娜,要么娶了多米尼克,根据推论1得知他的夫人的生日是结婚年的某个周四,如果亚历山大的婚姻在不同于这两个端点日期举行的话——1月1日或者12月31日——那么有两种可能性:

——他的夫人是朱丝提娜。那么她的结婚日期在闰年的一个周五,12月31日:这一年的1月1日是周四,那么这与推论1是相符的。这种情况下,多米尼克在一个周四,1月6日结婚,出生于1月5日。

——他的夫人是多米尼克。那么她的结婚日期是一个周四,非闰年的1月1日(较不可能但此刻还不能排除),出生于12月31日:结婚这一年的12月31日也正好是一个周四,因此与推论1相符。这种情况下,朱丝提娜于12月26日结婚,出生于12月27日。

第一与第二种情况中,朱丝提娜与多米尼克都不在13日出生。

E. 我们来看尼古拉的情况,他的夫人出生于13日,某个周五。

他没有娶出生于12月25日的诺埃尔,根据结论D,他的妻子既不是朱丝提娜,也不是多米尼克。

如果他娶了克拉热,联合推断3和5可得(克劳德,克拉热与福雷德里克都出生于1982年的13日,某个周五,但是月份不同)。然而与2010年同一周期的1982年中,只有一个13日,是周五,所以尼古拉没有娶克拉热。

结论:如推论5(克劳德,尼古拉与富雷德里克的夫人)所说,尼古拉没有娶克劳德,那么推论5说的是两个人。富雷德里克更为年轻,不出生在1月。

F. 剩下的可以确定结论。克劳德是一位女士,多米尼克是一位男士,根据D亚历山大于一个闰年的12月31日,周五娶了朱丝提娜。后面这两年闰年以周五结束,分别是1976年和2004年。

根据结论E,福雷德里克不出生在1月,没有娶克拉热。他娶了诺埃尔。

剩下的多米尼克娶了克拉热。根据推论4和前面的F,多米尼克在朱丝提娜婚后的那个1月6日娶了克拉热,也就是在1977年的1月6日或是2005年的1月6日。克拉热出生于1982年,于2005年1月6日,周四和多米尼克结婚。亚历山大和朱丝提娜在2004年12月31日,周五结婚。

还剩下的问题是谁在2005年5月12日结婚,也就是他自己的生日的前一天?

不是诺埃尔,他出生的日期是25。可能是克劳德或福雷德里克,两人的出生日期是13日,不论是闰年还是非闰年。这周的这一天是五月的开始,根据整个日历很容易得出这样的结论。

福雷德里克和克劳德都不出生在五月份。这可能与推论5相反,因为他们都出生在同一年的 13 日,但月份不同,某个周五。

那么只剩下一种可能性:尼古拉在 2005 年 5 月 12 日的周四娶了克劳德。

然而,我们找不出任何可以知道福雷德里克和诺埃尔结婚日期的线索,我们不需要考虑这个问题。

题 83

日式台球

台球的惟一可能轨迹:

1-8-6-11-4-10-2-9-3-7-12-5-13

用以回答附加题,这样一条轨迹的概率是台球所有可能轨迹的总数的倒数,在最高凹槽 1 与最低凹槽 13 之间。

这个问题与计算从方格左上角到达 7×7 棋盘的右下角画圈轨迹的可能性一样,平行地移到一角或仅移向右边或下方。

1	1	1	1	1	1	1
1	2	3	4	5	6	7
1	3	6	10	15	21	28
1	4	10	20	35	56	84
1	5	15	35	70	126	210
1	6	21	56	126	252	462
1	7	28	84	210	462	924

所有的格子要么同一列的前上方有个格子,要么位于它同一行的左边。对于一个既给的格子,进入的可能方法数等于进入每两个相邻格子的可能性的总和。

对于第一行和第一列的每个格子来说,容易看出只有一个格子从左上方的格子出发,我们标上 1 以具体化这一结果。

使用上面得到的结果,很容易一个接一个地填出来,第二行的格子然后第二列的格子,如此延续直到棋盘中右下方的最后一个格子,遵照这个程序在格子中记下数字 924。

最后一个格子的进入的可能性也是连接两个端点上格子的可能轨迹总数,我们推断出事件的概率等于 1/924,那么稍微比千分之一大一点点。

直接方法

这个结果可以通过一个更加直接的方法得到。

不管什么途径,都需要填满 13 个格子,移动 12 下,如果朝下移动可通过 B 展示,如果朝右可通过 D 展示。每一条轨迹可以通过连续的 12 个 B 和 D 展示(如 BDBDDDBBDBB),这种连续性组成我们称作的轨迹图形。

不管什么轨迹,都有 6 个朝下移动的 B 和 6 个朝右移动的 D(容易检验的结果)。因此这个图形包括 6 个 B 和 6 个 D。

每一条轨迹对应一张图像,每一张图像对应一条且仅有的一条轨迹。问题是要算出将 6 个 B 和 6 个 D 放在图上 12 个点的可能性总数,也就是总共从 12 个当中找出 6 个的不同组合方法,有:

$$C_{12}^6 = \frac{12 \times 11 \times 10 \times 9 \times 8 \times 7}{6 \times 5 \times 4 \times 3 \times 2 \times 1} = 924。$$

多么让人吃惊的结果!

在上一页的方格建造过程中,你肯定能识别出巴斯卡尔三角形。我们稍微停留在上升对角线灰色格子里的数字上。我们不仅要认识到牛顿二项式的权数为 6 的幂,和为 2 的权数。得到的结果将帮助我们求出另一个有趣而重要的结果。

从对角线左上方的格子出发进入每个灰色格子的可能方法数也等于从右下方格子出发进入灰色格子的可能方法数。可以演绎出连接这两个端点的轨迹并经过一个既给的灰色格子总数等于这个格子里所填写的数字,结果是:右下方里的格子数等于主要上升对角线上所有格子里的数字之和。

我们可以在以下情况中检验:

在棋盘 7×7 中,我们得出:$924 = 1^2 + 6^2 + 15^2 + 20^2 + 15^2 + 6^2 + 1^2$;

在棋盘 6×6 中,我们得出:$252 = 1^2 + 5^2 + 10^2 + 10^2 + 5^2 + 1^2$。

数字 924 等于 C,我们刚刚看到也等于二项式的 $(1+x)^6$ 的权数 C。很容易将这个结果扩展到任意一个 n，以解出这个令人惊讶的等式：

$$\sum_{0}^{n}(C_n^i)^2 = C_{2n}^n$$

同样地，从位于灰色对角线左方的表格部分的每个格子，我们可以进入下面的两个格子，依照这种方法重复以使得进入上升对角线的灰色格子总数的总和是 2 的幂，这一结果已经知道，我们也演示过并赋式 $(1+x)^n$ 中 x 的值为 1。

$$\sum_{0}^{n}C_n^i = 2^n$$

题 84

三角蛇

下面的图能分别对题中的两个问题给出一个答案。

我们观察到一共有八个不同的三段组合，它们既没有分成很多部分，也没有合拢，现在问题可以简化成将这八个板块通过一条不相连的线连在一起（见左图），或是通过一条封闭的线连在一起（见右图），按照题中的要求，两个板块的过渡部分是有方向变化的。

不是能工巧匠也能掌握这道题的解法。这个网状的三角形我们可以用一块软木板来做，我们在木板上画上如上图所示的轮廓，借助一条不易弯曲的电线，来得到八个板块，不过在画线的时候要小心。

下面就是这道题的木质拼板。

右面的图向我们展示了怎么分配一个菱形的盒子,这八个板块既连在了一起,又是开放式的。

两个相邻板块之间的连接是由每一块的末端并列在一起得到的,通过点相接是不允许的。

这个版本比用"铁线或铜线"的版本更有约束性。事实上,对连接部分的限制使得两个相邻板块末端形成的角度必须是 60 度。上页图中就体现了这一点。相反,右图中给出的例子中,板块 2 和 8 之间的角度是 120°。

另外,由于连接部分的限制,这个版本不可能形成一个环形路线,蛇不可能咬到自己的尾巴。数学上对这个结论有一个聪明的论证,以方向变化的角度相加为基础。在一个封闭的线路中,根据路线的方向,所有角的总和应该等于±360°,那么八个上面提到的板块的角度之和应该是 $(2k+1)60°$。

注意:盒子上的三角形接点有两个作用:一方面是这八个板块的向导,另一方面是它们的固顶楔。

题 85
一模一样的骰子

当然,九个骰子的六个面的点数分布情况都是一样的,但是方向不同。两个完全相同的骰子是 C 和 I。

题 86
不规则

我们先假设第一个立方体与其他三个不同。那么第二个、第三个、第四个立方体就是一样的。

根据立方体 2 和 3，H 不和 U，V，E，T 是对立面，所以 H 和 A 是对立面。根据立方体 2 和 4，E 不和 T，H，A，V 对立，所以 E 与 U 对立，V 和 T 对立。

用同样的推理，我们依次假设立方体 2，3，4 是与其他三个不同的，我们会发现不管假设哪一个是与众不同的，H 总是和 A 对立，E 总是和 U 对立，T 总是和 V 对立（这是很重要的结论）。

对于每一个立方体，我们已经知道三个字母，很容易定位出另外三个字母。如果我们以字母 H，E，T 为参照，我们可以看到立方体 1，2，4 中这三个字母的顺序是一样的，都是按照顺时针的顺序，而立方体 3 则不是。

所以，第三张照片是倒过来的，根据题中所述，立方体 3 是三个一模一样的立方体中的一个。我们看到 U 在 H 的垂直延长线上，但是在立方体 2 中却不是这样；如果是这样的话，U 就和 T 对立（这是不可能的）。

所以，第二张照片中的立方体和其他三个不一样。

题 87

赶走入侵者

我们先假设立方体 1 和 3 是一样的。与蓝色（B）相对的那一面是红色（R），与橙色（O）相对的那一面是绿色（V）。这样一来，立方体 2 和 4 都不同于 1 和 3，这个结论与题目要求不符。

所以，与其他三个不同的立方体要么是 1 要么是 3，而立方体 2 和 4 是相同的。

我们仔细观察相同的立方体 2 和 4，会发现蓝色（B）这一面相对的是绿色（V），而立方体 1 中这两个面是相邻的，所以立方体 1 是与众不同的那个，而立方体 2，3，4 是相同的。

因为立方体 2 和 3 是相同的，所以，与红色（R）相对的那一面是黑色（N），与蓝色（B）相对的是绿色（V），很显然，与橙色（O）相对的是黄色（J）。

题 88

骰子被隐藏的一面

　　这个字谜游戏刊登在法国 1987 年六月至七月刊的《游戏与策略》的竞赛题中,引起了一些轻微的争议。根据这四张照片做正确的推理可以避免坠入陷阱,许多曾经怀疑这么简单的问题一定隐藏着些什么的比赛者也是这么做的。

　　一些人想象到这是商业骰子,骰子是正常的,3 的另一面理所当然是一个 4,答案为 8。通常情况下是正确的,除非制作问题,但是情况就是这样:事实上 4 那一面少一个点(缺少标记)。

　　那么来看隐藏着的两面点数之和是 7。右边的骰子的最上面让人误以为是 4,因为它有一角被挡住了,也可能被认为是 2,因为对立的那一面被挡住了。

　　此外,第二张图片的陷阱很明显,我们可以在邻角面看到一个 5 和一个 2(事实上有一个假 4,因为缺一点)。

题 89

重叠后的信息

根据已知条件重叠信息后,可以很清楚地读出 Sophie 这个名字。

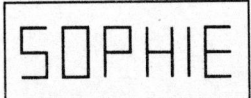

第八章

混合填字格：新解码填字格

题 90
拉丁方格

下方左图给出了我们所面临问题的两种可能答案，彼此之间的空白格呈对称性。

		3			
				6	
2					
			1		
	5				
					4

			4		
		1			
					5
	6				
				2	
3					

1	**3**	5	6	4	2
4	6	1	2	5	3
6	2	3	4	1	5
2	4	**6**	5	3	1
5	1	4	3	**2**	6
3	5	2	**1**	6	4

题 91
第二个拉丁方格

惟一的答案在上一页的右方。

第八章 混合填字格:新解码填字格

题 92
红与黑

这题本不难,第六行(这边好像有点问题,题目一共才五行)的牌的顺序是: 7, 9, As, 8, D, R, 5, 2, 10, 6, 4, V 和 3,第一张牌是灰色的。

存在第二种解法,那就是将 C 列里的灰色 As 换成 C3 格的灰色 2,将 H 列的白色 2 换成 H1 格的白色 As。

题 93
自我参照填字

不存在神奇的万能方案一次解决这样的填字,但是有一些匹配某一种情境或构图的方法。总是推理优先。

解答是分步骤的,首先填出边格:数字 9, 8, 7,还有 0 和 1,而且还知道前两列所有数字之和是常数 25,等于表格的格子总数。

下图分别给出了两个推荐表格。

7	1	4	4	4
1	1	0	0	2
1	1	3	4	6
8	1	9	0	1
0	4	4	4	4

7	2	8	6	0
3	2	7	0	0
2	1	1	1	1
1	1	4	3	0
1	5	6	0	9

题 94
对称自我参照表格

我们可以第一时间观察到第一和第二列的数字又重新在第五和第四列出现,因此这四列总体上是偶数个。

A	F	1	F	A
B	G	2	G	B
C	H	3	H	C
D	I	4	I	D
E	J	5	J	E

A	F
B	G
C	H
D	I
E	J

可知最终表格里的中间列数字(1,2,3,4,5)之和是奇数,而换成其他数字(6,7,8,9,0)的话得到偶数。

结果1:第一列 A,B,C,D,E 的数字都是奇数;第二列 F,G,H,I,J 的数字都是偶数。

上图中前两列的灰色格子标注了表格中奇数的个数,也就是第一列(A,B,C,D,E)的5,第五列的5,相同情况的还有第三列的1和3,总和为13。

结果2:第一列和第二列中灰色格子(A,G,C,I,E)的数字总和等于13,而白色格子(F,B,H,D,J)等于12。

这两个基础结果简化了解答,从而得到下面展示的答案。

3	2	1	2	3
3	0	2	0	3
5	0	3	0	5
1	0	4	0	1
5	6	5	6	5

题 95

八个数

我们对第一个表格依次解析:

——最后一行的2只能对应 W,G = 6,第六位会有一个进位数;

——最后一行的3只能对应 S,K = 6;

——第六列 N 和 V 仅有的可能性只有 N = 4,V = 7;

——最后一行的5只能对应 Q,并得到 I = 1 或 2;

——第一行的 8 只能对应 H，P = 3；
——第二行的 8 只能对用 J，B = 5 并推断出 I = 1；
——第一行的 1 只能对应 D，L = 7，剩下 4 对应 E，2 对应 M。

3	B	7	D	E	2	G	H
I	J	K	L	M	N	5	P
Q	4	S	8	6	V	W	1

表 1-试验

3	5	7	1	4	2	6	8
1	8	6	7	2	4	5	3
5	4	3	8	6	7	2	1

表 1 的答案

6	1	4	8	3	7	2	5
1	2	8	6	7	5	4	3
7	4	3	5	1	2	6	8

表 2 的答案

根据这个方法，我们可以推出上面的第一个表格答案。

第二个表格答案更难些。然而，我们可以轻易地解析出第二行的第一个字母是 1，第三个为 7，那么最后一行仍然空白的三格可以是这样的顺序：4-2-6，4-6-2，6-4-2。只要逐个检测这三种情况的可能性，只有第一种情况能推导出上面右边的答案。

题 96

超级八

我们可以轻易地推测出第二行的第一个只能是 2，这样就可以减少必不可少的试验阶段所用的数字。试验过最后一列可以推导出这个竖列上的可能数列为：6 178 和 6 842。

用 6 178 的话，第七列可能是 5 381 和 8 314，而用 6 842 的话，第七列可能是 7 315，因此这最后两列共有三可能。

考虑第六列的话，这三种可能减少到一种，如上文左方所示。

第三行已经有 4，那么其第一个数字只能是 3，由此推断出第一列上的数字 1，整列为 1 236。

第三列存在的可能是 3 157，4 157，8 753 并在知道这些空格中数字的情况下依次检测：第一行中的最后三个数字，第二行中的最后两个数。

最后我们找出如下的惟一的答案：

5	7	6
6	3	8
2	1	4
8	5	2

1	3	4	2	8	5	7	6
2	4	1	5	7	6	3	8
3	7	5	8	6	2	1	4
6	1	7	4	3	8	5	2

题 97

"多米诺骨牌被隐藏的那一面"

每个表格只有一个答案：

5	1	3	0	6	2	4
3	4	5	6	2	1	0
2	0	6	3	5	4	1
4	2	1	5	0	6	3
6	3	2	1	4	0	5
1	6	0	4	3	5	2

5	1	2	6	3	0	4
4	6	1	2	0	5	3
6	0	4	5	1	3	2
0	2	5	3	4	1	6
1	3	0	4	6	2	5
2	4	3	1	5	6	0

题 98

多米诺拉丁方块

答案只有一个：

2	6	4	5	3	1	0
4	3	2	1	6	0	
0	2	1	3	4	5	
6	5	0	4	2	3	
1	4	6	0	5	2	
5	1	3	2	0	6	

6	5
4	1
3	0

第八章 混合填字格：新解码填字格

题 99

九宫格数独与五方格

下面左边的表格是问题一惟一可能的答案。仅做一次探索是不易得出答案的。

右边的三张表格划分根本不可能按照数独的传统规则将 A，B，C，D，E 分布在五个不同而封闭的区域。

算上已知表格，一共有四个表格符合这样的特性，除去通过旋转和对称得到的。

A	B	C	D	E
B	C	E	A	D
E	D	A	C	B
C	E	D	B	A
D	A	B	E	C

而第三道练习是一个陷阱。我们会趋向先寻找合乎题意的划分方法，然而更简单的方法是第一时间找出五个在对角线上的有序拉丁方格。一旦构好图，只要检查是否存在符合已知条件的划分。

除去对称和旋转外，只有三种对角线上为五个字母的布局，如下图所示，前两种情况能符合要求做出划分，而第三个不可能符合已知条件划分。

A	B	C	D	E
C	E	B	A	D
E	A	D	C	B
D	C	E	B	A
B	D	A	E	C

A	B	C	D	E
E	C	D	A	B
D	E	B	C	A
B	D	A	E	C
C	A	E	B	D

A	B	C	D	E
C	D	E	A	B
E	A	B	C	D
B	C	D	E	A
D	E	A	B	C

题 100

加法 SDK

为了更容易地理解这个表格的解答，你可以在后面的推理中根据字母 A

至 Z 的替换。

首先,很容易得知列 2,3,4 的借位数分别是 1,1,0. 我们写出前三行各自的数字等式:

$$C + F = 11 \tag{1}$$

$$1 + B + E = 10r + H \tag{2}$$

$$r + A + D = G \tag{3}$$

r	1	1	0	s	t	u	V
A	B	C	J	1	K	R	S	4
D	E	F	9	L	M	T	U	V
G	H	2	N	P	Q	X	Y	Z

三个等式两边分别相加得到:

$$A + B + C + D + E + F = 10 + 9r + G + H \tag{4}$$

同一个区域里的各不相同的 9 个数字之和是数字 1 至 9 的总和,等于 45。针对第一区域,等式 2 中已知一个数的情况,可以写出如下等式:

$$A + B + C + D + E + F = 43 - G - H \tag{5}$$

合并等式(4)和(5),简化后得到:

$$2(G + H) = 33 - 9r \tag{6}$$

从这个等式可以推出 r 是奇数并且等于 1,$G + H = 12$

考虑到前三列各自的进位数 1,9 不能填入第一区域里的前两行。字母 G 与 H 一个等于 9,另一个等于 3。这两个字母和数字之间的映射关系不容许任何含糊:我们得出 $G = 9, H = 3$。

考虑到第一区域里已知的三个数字 9,3,2,当 $A + D = 8$,A 和 D 仅可能的分配情况为 $A = 7, D = 1$(第一行中已经有一个 1)。当 $B + E = 12$,我们还可以推断出 B 和 E 的惟一分配情况为 $B = 8, E = 4$(第一行中已经有一个 4)。还知道 C 与 F 的值为 6 和 5,但此时还是无序的。

我们来看第二区,写下当中三列的数字等式,包括这七个数字的总和等式,各个数还是未知,和等于 35。

$$t + K + M = Q + 10s \tag{1}$$

$$s + 1 + L = P \tag{2}$$

$$J = 1 + N \qquad (3)$$
$$35 - (N+P+Q) = J+K+L+M \qquad (4)$$

将四个等式的左右两边相加。简化后得到：
$$35 + t - 9s = 2(N+P+Q) \qquad (5)$$

如果 t = 0，出于均等得到 s = 1，演化出 N+P+Q = 13。在第三行已经有数字 2 和 3，这一区域有数字 1 的情况下，此假设必须否定。N+P+Q 至少等于 15。

于是我们得出 t = 1，s = 0，N+P+Q+18 （6）

第一区域第二行与第三区域第一行都含有数字 4。因此 (N, P, Q) 这一组数字后两个数之和是 14，分别只有 6 和 8 这一种可能性。

J 不能等于 7，它已经在第一行出现过，N 也不能为 6。J 不能等于 9，N 也不能为 8。因此还剩下 N = 4，J = 5，推断出第三列的另外两个数字 C 与 F，得出 C = 6，F = 5。

P 可能是 8 或 6，但 P 只可能是 8 才能得出 L = 7，据此可以得出 K 和 M 的值为 2 和 3，但此时还是无序。

最后我们来看右边的区域。字母 X, Y, Z 的值是 1, 5 和 7 这几个数。仅有的可能性是最后一行的 Z = 7 才能得出 V = 3. 通过演绎得到第六列中数字 2 和 3 的顺序，从而得知 K = 3，M = 2。

剩下的很简单。第一行还剩下 R 与 S，对应的值是 2 和 9。第二行中还剩下 T 和 U，对应的值是 6 和 8。第三行是 X 与 Y，分别为 1 和 5。答案很明显了：已知 S = 9，U = 6 可得出 Y = 5，字母 R, T, X 取还未使用的数值。

好了！表格完整解码了。如下图所示：

7	8	6	5	1	3	2	9	4
1	4	5	9	7	2	8	6	3
9	3	2	4	8	6	1	5	7

至于附加问题，答案是否定的。演示十分简单。

从上至下，用数字 a, b, c, d, e, f, g, h, i 指代最后一列的数字。推测得出 a+b 的尾数是 c，因此 a+b+c 的和是偶数。相同地，d+e+f 和 g+h+i 之和分别为偶数，因此 a+b+c+d+e+f+g+h+i 之和为偶数。

然而在做数字 1 至 9 的和得到 45 的假设的情况下，和为奇数的结果与前一段的结果相矛盾。

题 101

蓝,白,红

下方左图是答案之一。

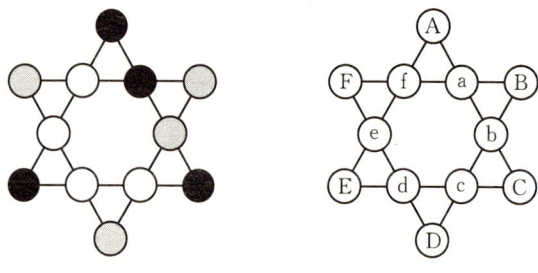

如果不考虑 X,Y,Z 颜色顺序的话,存在九种符合问题要求的答案,但是所有的答案可以汇集成一种综合答案,总结如下:

——等边三角形三个角上的圆平面 A,C,E 是同一种颜色 X,这种颜色的第四个圆平面是 a,c,e 其中的一个。

——等边三角形三个角上的圆平面 B,D,F 是同一种颜色 Y,这种颜色的第四个圆平面是 b,d,f 其中的一个。

——其余四个圆平面是颜色 Z。